Meteorological Phenomena and Nature in Nikko

日光の気象と自然

Mikio Tsujioka
辻岡 幹夫

随想舎

夏の戦場ヶ原

湯ノ湖のオオバン・ヒドリガモ

西ノ湖入口の市道1002号線脇に現れたツキノワグマ

ミズナラ林（赤沼・小田代原間）

日光特別地域気象観測所

残雪の白根山と湯元のオオヤマザクラ

中禅寺湖畔のオオヤマザクラ

阿世潟峠から流れ落ちる滝雲

霧降高原にかかった雲〈日光市東和町 八田晃一氏撮影〉

霧降高原の雲海（層積雲）

霧降高原から見る雲海（層雲）

外山の上空に広がる高積雲

東風に乗って中禅寺湖に流れ込む層積雲

戦場ヶ原に架かった虹

紅葉の小田代湖（2011年10月12日）

竜頭滝・赤沼間のミズナラの黄葉

竜頭滝の紅葉

氷結した小田代湖（1998年）

雪の日光湯元ビジターセンター

地吹雪(赤沼・三本松間)

中禅寺湖の桟橋に付着した氷

雪の壁ができたいろは坂(2014年2月16日)

雲竜渓谷

結氷した湯ノ湖

冬の戦場ヶ原

厳冬期の奥白根山

全面結氷した中禅寺湖（1984年）〈日光市中宮祠 福田政行氏撮影〉

2015年8月5日の雷雲発達の推移（気象庁-高解像度降水ナウキャスト）

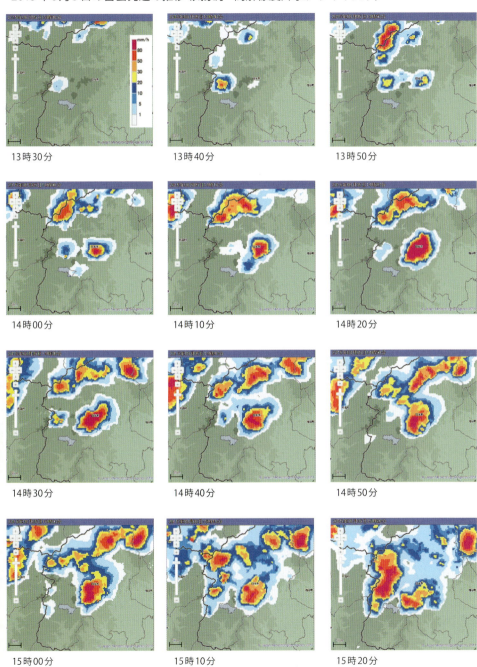

気象庁-ウィンドプロファイラ

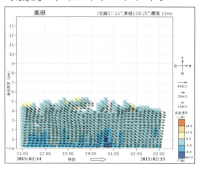

2015年2月14日　　　　　　　　　　　2014年12月22日

気象庁-解析雨量

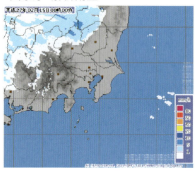 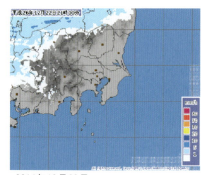

2015年2月15日　　　　　　　　　　　2014年12月22日

 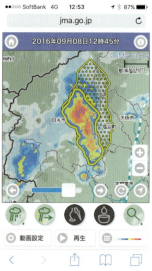 

気象庁-アメダス（地図形式）

Yahoo天気雨雲ズームレーダー　　　気象庁-高解像度ナウキャスト
〈iPhoneの画面〉　　　　　　　　　〈iPhoneの画面〉

はじめに

　日光市の北西部には、白根山や根名草山、男体山、太郎山、女峰山など2000m を超える山々が連なり、雄大な山岳地帯を形成している。これらの山々はアルプスのような華やかさはないが、豊かな森林に覆われ、山頂部には高山植物群落が広がり、多くの登山者を惹きつけている。なかでも白根山と男体山は日本百名山になっているため特に登山者が多い。また、これらの山々に囲まれて戦場ヶ原や小田代原の湿原、草原、女峰山の東山腹には霧降高原の草原が広がり夏には多種類の花々が咲く花の名所となっている。中禅寺湖や湯ノ湖、切込刈込湖、西ノ湖など点在する湖沼は、自然景観に一層の彩りを添えている。

　戦場ヶ原や小田代原、湖沼を巡る奥日光一帯にはハイキングコースがよく整備され、歩道のネットワークを形作っている。比較的平坦で、起点・終点の選択肢が多く多様なコース設定が可能であることから、首都圏から多くのハイカーが訪れる。この美しい自然の風景地は、1934年12月4日に日光国立公園に指定され、自然の保全と利用の促進が図られてきた。また2005年11月8日には、湯ノ湖、湯川、戦場ヶ原、小田代原を含む一帯がラムサール条約湿地に登録され、一層の保全が図られてきた。

　四季を通じて、湿原や草原、森林、湖沼、滝、渓流などの風景は変化し、美しい表情を見せる日光の自然であるが、その表情の彫りを一層深くしているのは、気象の変化だろう。同じ風景でも、晴の日と雨の日では全くその表情は変わるし、霧がかかると神秘的な雰囲気が漂う。冬の戦場ヶ原の雪原や全面結氷した湯ノ湖、凍り付いた滝は、それ自体が風景を構成する。しかし、気象現象は自然景観としては認識されにくい。それは刻々と変化し、山や湖がつくり出す景観のように固定されたものではないからだろう。

　ハイキングであっても観光であっても自然の中に出かけていくとき、誰にとっても天気が気になる。晴れてほしいと願う。気象現象は私たちの行動に直接影響

するだけに、屋外で快適に過ごせるかどうかの視点で関心を持たれるのが普通だ。しかし、変幻自在で掴みどころのない雲や霧、雨、雪などの気象現象であるが、少し視点を変えて見ると魅力的な鑑賞の対象となる。山は気象を作り、気象は山の景観を作る。本書では、積極的に気象現象を自然景観の一部として楽しむことを提案していきたい。特に、日光では日本列島の上で占める位置や地形の特徴から様々な興味ある気象現象が発生し、鑑賞価値は高い。

　一般的に山岳地帯では、海から湿った風が吹いてきた場合、風上側に上昇気流が発生して雲が発達し降水が起こる。本州の中央部からやや北に位置する日光の山岳地帯は、太平洋や日本海からそう離れているわけでもなく、海から吹いてくる湿った風の影響を少なからず受ける。特に太平洋からの湿った東風を受けると、表日光連山ではほぼ確実に雲が発生する。日本海からの風に対しては、日光の山々は分水嶺よりも太平洋側寄りに位置するため、冬期の北西季節風の影響は受けにくいものの群馬県境に近づくほど降雪量は多くなる。

　標高1500mの奥日光は、850hPaの高層天気図の世界であるともいえる。戦場ヶ原やその周辺を歩いていると、平野部と同じように平らな地形であるため高地であることを忘れてしまうが、そこは気圧が平野部の85％しかない世界だ。地球を取り巻いて荒々しく風が吹く自由大気の真っただ中なのだ。

　また、日光の気象は日光の植物や野生動物、地形に大きな影響を与えてもいる。気温や積雪量は植物の分布を決定付けているし、野生動物もその影響により季節移動を行う。大雨により流れ出た土砂は長い年月をかけて戦場ヶ原周辺の地形を形作っており、数日のうちに集中して降る大雨は小田代原に幻の湖を出現させる。

　「奥日光には梅雨がない」と言われることがあるが、多くの人が日光の気象には独特のものがあると気づいている表れだろう。宇都宮から小雨の中、車を走らせ、いろは坂を登り戦場ヶ原まで来ると、さっと青空が広がる。この不思議な現象は

多くの人が経験していると思う。なぜそのようなことが起こるのか、その仕組み
を知ると気象のワンダーの世界に入っていくことができる。

　テレビなどで放送される天気予報の他に、今では誰でもインターネットの様々
なサイトで、高層天気図や週間天気予想図など、もう少し突っ込んだ専門的な気
象情報を得ることができる。そのような情報を基に大気の立体的な動きを知るこ
とによって、気象現象をより深く理解することができる。本書では、インターネッ
トで得られる情報を使いながら、日光で起こる様々な独特の気象現象を読み解い
ていきたい。

　登山やハイキングに行くとき、その日の天気を知ることは重要だ。雨の日に歩
くのは不快であるし、激しい気象現象は直接的間接的に山岳遭難の原因にもなる。
天気予報を見るだけでなく、事前にインターネット情報を収集して気象変化を把
握し、現地ではスマートフォンの気象アプリを使ってリアルタイムの降雨の様子
を知ることにより、安全登山のための一歩踏み込んだ気象情報の利用の仕方につ
いても本書では触れていきたい。

日光の気象と自然　目次

はじめに……………………………………………………………………1

第1部　日光の気象と自然のかかわり

日光の気象………………………………………………8

奥日光の気象と植物………………………………14

奥日光の気象と野生動物………………………17

第2部　春の天気

春の雪………………………………………………22

桜の開花日…………………………………………24

中禅寺湖に流れ落ちるもう一つの滝………27

高原の花の季節……………………………………30

霧降高原の霧と雲海………………………………32

奥日光には梅雨がない?…………………………38

第3部　夏の天気

奥日光はなぜ涼しい?……………………………44

奥日光にも暑い日がある ……… 49

日光連山は雷雲の発生装置!? ……… 51

日光連山では頭の上で雷雲が発生する ……… 55

夏の奥日光は雨が多いか ……… 57

奥日光の不思議な水の流れ ……… 59

第4部 秋の天気

台風がつくる奥日光の自然 ……… 62

幻の湖、小田代湖 ……… 65

戦場ヶ原にできる幻の湖、冷気湖 ……… 69

奥日光の紅葉は戦場ヶ原から始まる ……… 72

第5部 冬の天気

奥日光で初めて雪が積もる日はいつ頃か ……… 76

湯元はなぜ雪が多い? ……… 78

冬型気圧配置で奥日光に雪が降るとき ……… 82

南岸低気圧による大雪 ……… 87

奥日光の雪崩 ……… 91

中禅寺湖はなぜ凍らない? ……… 95

戦場ヶ原の地吹雪 ……… 99

寒さが売りの日光 ……… 101

第6部 登山・ハイキングに当たって

奥日光は自由大気の世界 ……………………………… 106

天気予報の利用のしかた ……………………………… 109

登山やハイキングに行く日の天気を調べる ……………… 114

夏の奥日光の天気の注意点 …………………………… 118

冬の奥日光の天気の注意点 …………………………… 122

春秋の奥日光の天気の注意点 ………………………… 127

奥日光のリアルタイムの気象チェックと予報 …………… 130

山で雨雲の動きをチェックしよう ……………………… 133

専門的用語の解説

地上天気図と高層天気図 ……………………………… 138

アンサンブル週間天気予報 …………………………… 142

エマグラム ……………………………………………… 147

大気の状態の安定・不安定 …………………………… 150

ウィンドプロファイラの活用 …………………………… 153

各項参考文献 …………………………………………… 155

おわりに ………………………………………………… 158

第1部 日光の気象と自然のかかわり

日光の気象

　日光の山々は関東平野の北、太平洋と日本海からほぼ等距離の内陸部に位置し、奥白根山（2578m）を最高峰として、男体山（2486m）、太郎山（2367.7m）、女峰山（2483m）など2000mを超える山々からなる広大な山塊を形作っている。これらは山脈のように連なっているわけではなく、それぞれが独立峰のように離れて聳えている。また、山々に囲まれて中禅寺湖、戦場ヶ原が広がる一帯は海抜が1300mから1500mの盆地状の高原を形成している。

　日光の山塊と日本海の間には、尾瀬や会津、上信越の2000m級の山々が連なるが、南東側には高い山がなく、関東平野を挟んで120kmの距離を隔てて太平洋に面している。このような地理的位置にある日光の山々は、基本的に内陸性の気候で寒暖の差が大きく、特に冬の寒さが厳しい。

　しかし内陸性ではあるものの、太平洋との間には山がないため、男体山から女峰山にかけての表日光連山では太平洋から吹いてくる東風の影響を受けやすい。湿った気流が太平洋から関東平野に流れ込んでくると、平野部はまずまずの天気であっても表日光の山々には雲がかかることが多い。また夏期には地表が熱せられやすい南東斜面で上昇気流が発生しやすく、雷雲もよく発生する。台風接近時には、高温多湿の風が日光連山に持続して吹きつけると大雨となる。

　一方、日本海との間には尾瀬や上信越の山々があるため、日本海からの気流の影響は比較的小さいが、冬期には

夏の戦場ヶ原

強い北西季節風にのって雪雲がやってきて白根山や根名草山さらには鬼怒沼にかけての群馬・福島県境の山々では積雪量が多くなる。

戦場ヶ原から中禅寺湖にかけての一帯は、夏期の湿った東寄りの風の際には表日光連山の風下となり、表日光で小雨が降っていても晴れることがある。冬期の北西季節風の際には白根山の風下となり、白根山で雪が降っていても晴れ間が見えることがある。また、戦場ヶ原一帯は、風がなくよく晴れた朝、周囲の山々から冷気が下降して溜まりやすく、冷気湖をつくることが特徴だ。

変化に富んだ自然探勝の場を提供してくれる日光の山々だが、このような気象の特性を知ることによって安全に登山やハイキングを楽しむことができるし、気象現象そのものを観察することも楽しい。本書では日光の気象の様々な特性について触れていくが、ここではまず気象庁の日光特別地域気象観測所のデータを使って、奥日光の気候から見ていきたい。

気温と降水量

中禅寺湖畔に位置する気象庁の観測所は標高1291.9mで、平野部と比べて当然のことながら気温は低い。図1は、奥日光と宇都宮、東京の気温を比較したグラフだ。奥日光は1年を通じて宇都宮よりも7℃程度、東京よりも8℃程度低い。気温は高度差100mごとに0.65℃下がるといわれているが、ほぼそれに当てはまる気温差だ。

ハイキングに好適な7、8月の奥日光の気温は、宇都宮や東京の5月頃の気温に相当する。宇都宮や東京が酷暑に喘いでいるときでも奥日光は快適な気候だ。しかしながら平地と同じ服装で歩くと、日中は快適でも夕方になると

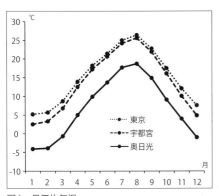

図1　月平均気温

思わぬ低温に遭ってしまう。長袖が必要だ。

2000mを超える山では、さらに気温が4℃以上低くなる。平地の4月頃の気温だ。雨に濡れると体感温度は真冬並みとなり低体温症になる可能性もある。

1、2月の気温は、宇都宮よりも7℃、東京よりも10℃程度低く、厳寒の世界となる。朝の気温は時にはマイナス20℃近くになることもあり、日中でも氷点下の気温が続く。

戦場ヶ原や湯元でも平野部と比べるとはるかに厳しい寒さだが、2000mを超える山岳ではより一層厳しい寒さとなる。厳冬期の奥白根山はアルペン的風貌を見せ冬山登山の対象として人気があるが、冬の気象条件は過酷だ。2300mの森林限界を超えた稜線では強烈な吹雪の世界となる。筆者の経験では、1月の五色避難小屋（2250m）付近でマイナス24℃を観察したことがある。

次に降水量を見てみよう。図2を見ると、奥日光も宇都宮や東京と同様、夏に雨が多く冬に少ない太平洋側気候の特徴を示している。ただ奥日光が宇都宮や東京に比べて大きく違うところは、8、9月の降水量が非常に多いことだ。これは、後に述べるように夏に雷雨が多いことや台風の影響を受けやすいことによる。登山やハイキングに際しては、奥日光の夏はしばしば大雨が降ることがあることに注意したい。

なお冬の降水量に関しては、気象庁の観測所が男体山の南東山麓、奥日光の東端に位置していることに注意しなければならない。冬型気圧配置になったとき、日本海側から流れてくる雪雲の影響をほとんど受けない位置であるため冬の間の降水量が少なくなってい

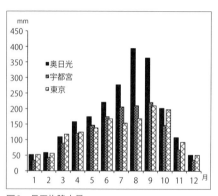

図2　月平均降水量

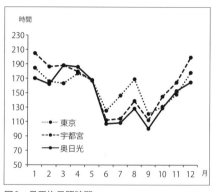

図3　月平均日照時間

る。

　同じ奥日光でも群馬との県境の山々や湯元まで行くと雪雲が流れ込んできやすく降雪量が多くなり、完全に日本海側の気候となる。太平洋側気候と日本海側気候の境になっていることが奥日光の特徴だ。詳細については「湯元はなぜ雪が多い？」の項で述べる。

日照時間と霧

　次に日照時間はどうだろうか。図3は日照時間のグラフだ。これもまた夏に短く冬に長い太平洋側の特徴を示している。夏は短いが細かく見ていくと、6、7月の梅雨期と9月の秋の長雨時期が短く、その間の8月は若干長くなる傾向は一致している。東京と比べて奥日光と宇都宮の8月の日照時間が短いのは、午後になると対流性の雲、時には雷雲が発生しやすいことによるもの

と思われる。

　興味深いのは、霧日数だ。図4は霧日数を示している。日照時間の傾向が奥日光と宇都宮で見事に一致している一方、霧日数は傾向が大きくかけ離れている。宇都宮で霧に覆われる日数は1年を通じてほぼ一定であるのに対し、奥日光では夏の霧日数が非常に多くなっている。

　これは宇都宮と奥日光では霧の発生メカニズムが異なることに起因している。宇都宮で霧が発生するのは、雨上がりの朝などに冷え込んだときが多い。地上付近の湿度が高い空気が朝の放射冷却によって冷やされ、水蒸気が凝結して霧になる。

　一方、奥日光で多く発生する霧は、これとは成因が異なる。奥日光の霧は、上昇気流によるものだ。夏、関東平野から吹いてくる暖かく湿った風が

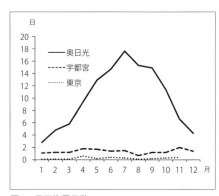

図4　月平均霧日数

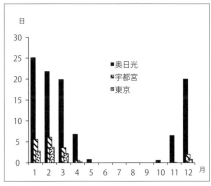

図5　月平均雪日数

日光連山に当たり、斜面を上昇して冷やされ水蒸気が凝結する。平野部からは日光の山々は雲に覆われて見えないが、観測所がある中宮祠は雲の中になり、霧に覆われることになる。ただし、この雲は男体山の斜面に沿って上昇し奥日光までは届かない。中宮祠の街は深い霧の中でも、菖蒲ヶ浜あたりまで行けば青空が見えることも多い。

雪

雪日数を示したのが図5だ。当然のことながら奥日光では雪日数が非常に多い。12月から3月まで、月のうち20日は雪が降っている。しかし先に示したように、降水量はこの期間は少なくなっている。これは、さらさらと降って積もらない降り方が多いということを示している。冬の日照時間が長いことと合わせて考えると、奥日光の冬は雪がちらつく中でも薄日が射すことが多く、スノーシューやクロスカントリースキーを楽しめる日が多いといえるだろう。

以上のデータを基に奥日光の気象についてまとめると次のようになる。

気温は1年を通じて北海道並みに低く、降水量は夏に多く冬に少ない太平洋側の気候の特徴を示す。夏は関東平野からの気流の影響を受ける山の東斜面では霧が多く発生する。冬の降雪量は多くはないが、雪が降る日は多い。

このような気象的特性を持つ日光の山々は、私たちの日常生活の場から見たときどのような価値を持つのだろうか。気温が低いということからいうと、宇都宮から僅か1時間も車を走らせると到達することができて、夏は涼しく冬は北海道並みの酷寒を体験できる、身近にある非日常的な空間ということができるだろう。夏に雨が多いということは豊かな水源地を養っているとい

千手ヶ浜

うことであり、私たちはその恩恵に浴していることになる。

　冬、那須地方では雪混じりの強風が、両毛地方では砂塵を巻き上げて空っ風が吹くが、宇都宮など県央部は風が弱い。これは日光の山々が日本海側から吹いてくる風雪を遮る屏風のような役割を果たしているからで、県央部の住人は日光連山のおかげで真冬でも晴れた日の日中は穏やかな陽気を享受できている。

　目には見えないがもう一つの特性がある。それは気圧だ。年間の平均気圧は東京が1009.5hPa、宇都宮は997.3hPa、奥日光は868.7hPaとなっている。奥日光の気圧は東京の86％しかない。酸素もそれだけ少ないということだ。この程度の気圧で高度障害（高山病）がでる人はいないが、日本アルプスの3000m級の山では一部の人に高度障害の症状がでる。3000mの高度では気圧はおよそ700hPaだ。富士山に行くと多くの人に高度障害がでる。頭痛、吐き気、倦怠感などの症状だ。富士山の年間平均気圧は637.8hPaで東京の63％しかない。

　奥日光の低い気圧は人体に特に影響はないが、非日常的体験ということができる。陸上長距離走の高地訓練の場所として利用できるかもしれない。

　国立公園に指定され、ラムサール条約登録湿地があり、世界遺産を持つ日光は様々な価値を持つ存在であるが、気象的に見ても大きな存在感を持っているのではないだろうか。

奥日光の気象と植物

　植物は移動することができないため、気温や土壌、雨量や積雪量など、その土地の自然条件に適応した種が生育している。一番大きく影響を受けるのは気温で、気温は標高が高くなるにつれ低くなるため、山の植物は垂直分布をする。

　日光では、標高700mくらいまでが低山帯で、スギ・ヒノキの人工林以外ではコナラやクリなどの落葉広葉樹林に覆われている。700mから1500mくらいまでは山地帯で、ブナやミズナラ、カエデ類などの落葉広葉樹林、ウラジロモミの常緑針葉樹林となる。いろは坂から湯元温泉にかけての奥日光一帯は山地帯に入る。1500mから2300mくらいまでは、亜高山帯となり、コメツガやシラビソなどの常緑針葉樹林がうっそうと茂っている。およそ2300mが森林限界となり、これより標高が高い地

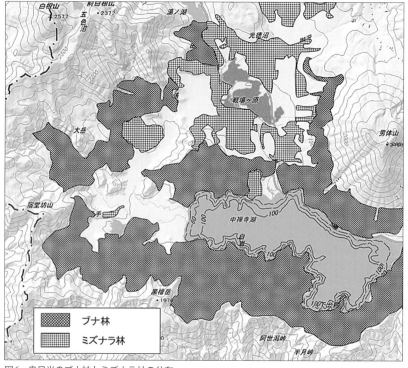

図6　奥日光のブナ林とミズナラ林の分布

域は高山帯となって高山植物に覆われる。もっともかつては美しいお花畑が広がる高山帯であったが、シカの食害により今では多くの高山植物が姿を消してしまい、見る影もなくなってしまった。

おおまかに見るとこのような植物分布となるが、よく見ていくと特徴的な分布に気づく。明瞭であるのは山地帯におけるブナとミズナラの分布だ（図6）。ブナは中禅寺湖を取り囲む山々の斜面に分布するが、ミズナラは戦場ヶ原の湿原を取り囲む一帯に広く分布する。前者は急な山の斜面であるのに対し、後者は火山噴出物が厚く堆積した比較的平坦な土地だ。この地形的、土壌的な環境の違いがブナとミズナラの分布に影響していると考えられるが、もう一点、気象的な条件の違いも考えられる。戦場ヶ原一帯は「戦場ヶ原にできる幻の湖、冷気湖」の項で触れるように冷気湖が形成されやすい地形で、このことがブナとミズナラの分布を分けている可能性がある。ブナは海洋性気候を好む樹種であり、戦場ヶ原周辺の比較的乾燥し気温の高低差が大きい内陸性気候の性格が強い地域には分布しないのかもしれない。

亜高山帯の常緑針葉樹林にも大きな特徴がある（図7）。この森林帯を構成する樹種は、栃木県側では圧倒的にコメツガが多く、森林限界に近づくとシラビソを交えるが、群馬県側ではオオシラビソとシラビソが多い。この違いは冬の積雪量によるものと考えられる。日本海側に近い群馬県側は栃木県側よりも積雪量が多い。日本海側の豪雪地帯の山形・新潟県にまたがる飯豊山などでは亜高山帯針葉樹林を全く欠くが、白根山では森林限界まで昼なお暗

ブナ林（中禅寺湖南岸）

ミズナラ林（赤沼・小田代原間）

いまでに茂っており、このことは白根山は日本海側の豪雪地帯ほどの積雪がないことを示している。

冬の積雪量の違いを最も表しているのは、ササの分布だ（図8）。積雪が比較的少ない中禅寺湖を取り囲む山々、戦場ヶ原とその周辺では、ミヤコザサやスズダケに覆われているのに対し、積雪が多い小田代原より西、湯ノ湖より北の地域ではクマイザサやチシマザサが林床を覆っている。これらのササの分布の境界はミヤコザサ線と呼ばれており、おおよそ最深積雪量が50cmのラインと一致している。

以上のような植物の分布の特徴は、奥日光が日本海側の気候と太平洋側の気候が移り変わる地域であることによっている。奥日光の植物は気象によって大きく影響を受けているといってよいだろう。

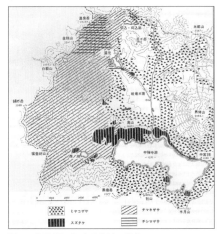

図8　奥日光におけるササの分布

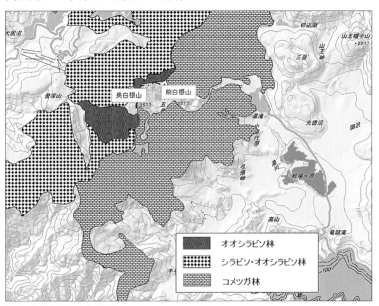

図7　白根山の亜高山帯植生

奥日光の気象と野生動物

　豊かな自然植生が残されている奥日光には、多くの種類の哺乳類、鳥類、両生爬虫類、昆虫類が生息している。植物は気象条件の違いによって棲み分けて生育しているのに対し、動物は季節変化に対応しながら行動を変化させて生息している。

　春、雪が解けるといっせいに植物が芽吹き、越冬していた昆虫が活発に活動を始める。それらを求めて哺乳類や鳥類が活動し、春から初夏にかけては繁殖の季節となる。夏から秋には植物は果実を実らせ、それを食べて動物は冬に備えて栄養を蓄える。

　冬は動物たちにとって生死にかかわる厳しい季節だ。彼らは様々な方法で冬を乗り切る。ツキノワグマは樹木の根元や岩の洞で冬眠するが、他の哺乳類は乏しい食料を探し求めながら春まで耐える。繁殖を終えた夏鳥は南方に渡り、多くの留鳥は標高の低い場所に移動して越冬する。夏鳥に替わって渡ってきた冬鳥は、中禅寺湖や湯ノ湖で越冬する。

　ニホンジカは50cm以上の積雪の中では動きを著しく制限されるといわれている。大きな胴体を支える細い脚が雪の中に深く潜り行動が妨げられるほか、深い雪の下に埋まった植物を掘り出して食べることができないからだ。このため、夏の間奥日光に生息しているシカは、冬になり雪が深くなると、積雪が少ない足尾や表日光に移動して越冬する。しかし、越冬地で大雪が降るとシカは逃げ場がなくなる。

　1984年は大変な豪雪の年だった。1

湯ノ湖のヒドリガモ、オオバン

月下旬から3月にかけて宇都宮でも積雪量の合計が90cmを超え、奥日光では観測史上最高の125cmの積雪を記録した。日光市街地に近い標高が低い地域でも深い雪に覆われ、シカは餌が取れない状態が続き、日光や足尾ではシカの大量餓死が発生した。かつてはシカが大量死を起こすような大雪の年が一定の頻度で訪れ、シカの生息数を制御していたと思われる。しかし、温暖化の影響で近年積雪量が減ったためか、シカの大量死は起こっていない。それどころか、少雪の年が続いているため、近年では多くのシカが季節移動をしないで奥日光に留まり越冬するようになっている。主な越冬地は、日当たりがよく比較的積雪が少ない男体山の南山麓や三つ岳の南山麓だ。シカが奥日光で越冬するようになった結果、越冬地とその周辺でのシカの食害が顕著になっている。また、越冬地を拠点に、夏期はさらに北に生息域を広げ、尾瀬にも生息して貴重な湿原植生に影響を与えている。

1984年以降では、2005年と2014年が大雪の年であったが(図9)、大量死は起こらなかった。特に2014年2月の大雪は記憶に新しい。2月8日と15日に2週続けて発達した南岸低気圧が通過し、奥日光では120cmを超える積雪となった。大量死が起こるかどうか注目された。しかし、各所で死亡個体や雪の中で動けなくなったシカが散見されたものの、大量死は起こらなかった。その理由は何だろうか。

図10は、大量死が発生した1984年と多雪であったが大量死は発生しなかった2005年と2011年の一冬の日最深積雪量の推移だ。3年とも2月から3月上旬にかけての積雪深はほぼ同様に推移しているが、大きな違いは、2005年と2014年は3月上旬以降急速に積

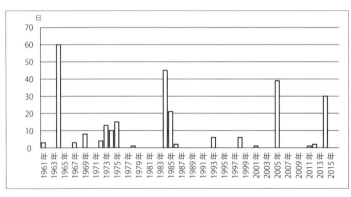

図9 奥日光における積雪50cm以上の日数

雪が減ったのに対し、1984年は3月上旬以降も積雪深が増加し、下旬(21日)に最深積雪125cmを記録したことである。完全に積雪がなくなったのも4月半ばと遅くなっている。

越冬期のシカは、秋までにため込んだ体脂肪を消費しながら、厳しい寒さに耐える。3月頃は最も消耗している時期で、順調に雪解けが進むと芽生えてくる植物を食べて春に命を繋ぐことができる。1984年はこのぎりぎりの季節に積雪が最も深く、餌を取ることができなくなったため大量餓死が発生したと思われる。

このように奥日光をはじめ日光地域では、積雪とシカの生息数、生息エリアが密接に関係しながら変化している。少雪の年が続きシカの生息数が増えると、自然植生に食害が発生する。積雪は奥日光の自然に大きな影響を及ぼしているのだ。

春、奥日光には夏鳥たちが渡ってきて急に賑やかになる。戦場ヶ原の湿原ではヨシや枯れ木の先にノビタキやホオアカ、ズミの枝先ではアオジを見ることができる。樹林の中ではキビタキやヒガラ、コガラが囀る。アカゲラのキョッ、キョッという声やイカルのツキヒホシーという声もよく聞く。6月にはエゾハルゼミの大合唱が響き渡る。

夏にはタヌキやアナグマをよく見かける。テンを見ることもある。最近では、ツキノワグマも戦場ヶ原でよく目撃される。戦場ヶ原や西ノ湖周辺に出没するツキノワグマは大変人馴れしており人間を見ても逃げない。人と野生動物の関係としては好ましくない。

サルは一時期中宮祠やいろは坂で人に被害を与えたり、お土産屋さんに侵入して菓子などを奪うなどして大きな問題となったが、最近は若干沈静化しているようだ。しかし数頭の群れを中

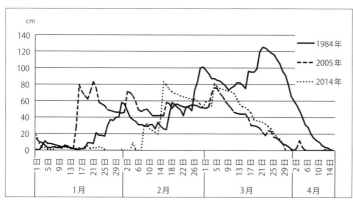

図10　多雪年の積雪深の推移(奥日光)

宮祠の市街地で目撃することがある。サルは群れで行動し、農作物に被害を与えたり人間が持っている食物に依存する群れがいる一方、自然な状態で生息している群れも奥日光にはいる。そんな群れのサルが厳しい冬の時期、降りしきる雪の中で、樹木に登って枝先の樹皮を齧っている姿を時折見ることがある。

秋も深まると、夏鳥たちも徐々に姿を消し、ツグミの大群が渡ってくる。そして中禅寺湖や湯ノ湖には、マガモやキンクロハジロ、ホシハジロ、ヒドリガモといったカモたちが渡ってくる。鳥好きの人たちが心待ちにしているのは、オオワシとオジロワシだろう。カムチャッカ方面から渡ってくる大型の魚食性猛禽類で、北海道の知床では冬には当たり前に見ることができるが、本州では極めて珍しい。中禅寺湖とその周辺を冬の行動圏とし、湖水の魚を食べる。

奥日光では、四季の気象の変化に合わせ、動物もまた主役が交替しながら環境に適応して生きている。

動けなくなったシカ（2014年2月18日湯元）

西ノ湖入口の市道1002号線脇に現れたツキノワグマ

第2部 春の天気

春の雪

　4月になり宇都宮など平野部でサクラが開花し春本番を迎えても、奥日光ではまだまだ寒い日が続く。奥日光ではいつ頃まで雪が積もるのだろうか。

　中宮祠の過去50年間の観測データを調べ、最後に積雪を観測した月日をグラフにしてみた（図11）。

　早い年で3月下旬、遅い年では5月の初旬と幅が広い。平均値を計算すると、4月11日が最後の積雪日になる。気象庁のデータを見ると、積雪ではなく降雪の平均最終日であるが、東京では3月11日、宇都宮は3月22日、札幌は4月19日、旭川では4月28日となっており、奥日光はほぼ北海道と同じとなっている。過去50年間で最も遅かったのは、1980年の5月6日で1cmの積雪を記録している。最も早かった

のは、1988年の3月20日の1cmだ。

　平野部では春本番の4月半ばでも、奥日光では時に大雪となることがある。1972年の最終積雪日は、4月12日で、この日は36cmの積雪を記録している。

　筆者は2013年4月20日に湯元温泉に宿泊したが、夜半から翌21日朝にかけて雪となった。奥日光では18cmの最深積雪を観測、24時間の降雪量は23cmを記録し、4月下旬としては観測史上1位を記録した。湯元では車の屋根には30cmほどの雪が積もった。筆者の車はまだスタッドレスタイヤを装着していたが、首都圏からの宿泊客の大半は既にノーマルタイヤで、この日は車を残してバスと鉄道で帰宅し、後日車を回収しに来られたとのことであった。

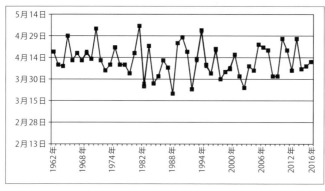

図11　最終積雪日

この時の地上天気図を見てみよう（図12）。本州の南に低気圧があり、さほど発達はしていないが、関東地方に雪を降らせる南岸低気圧のパターンだ。さすがに平野部では雪にはならなかったが、標高が高い奥日光では雪となったのだ。

　3月も下旬になると雪が積もる日は少なくなり、道路上からは雪が消えノーマルタイヤで湯元まで上がれる日が多くなるが、4月になってからも奥日光で雪が積もることは珍しいことではない。昨日まで乾いていた路面が一夜にして圧雪に覆われ、一気に真冬に逆戻りするので注意しなければならない。車で奥日光によく行く人は、ノーマルタイヤに履き替えるのはゴールデンウィークの頃まで待った方がよさそうだ。

　ところで、宇都宮や、意外なことに東京でも4月に雪が積もった記録がある。宇都宮では1956年4月に7cmの積雪を記録している。古いので何日かは不明だ。最近では、2015年4月8日に3cmを記録している。このときは満開の桜の花の上に雪が積もった。

　東京では、1988年4月8日に9cmの積雪を記録している。この日の宇都宮の積雪は0cmでうっすら白くなった程度であったが、奥日光では7日から8日にかけて合計50cmの降雪を記録している。4月に奥日光と東京で同時に大雪、ごく稀ではあるが、このようなこともある。春の雪には注意しなければならない。

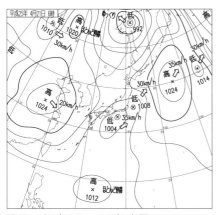

図12　2013年4月21日6時天気図

桜の開花日

　私たちが春の訪れを感じるのは、何といっても桜が開花したときだろう。東京で桜が開花する平均日は3月26日、宇都宮では4月1日となっている。なお、ここでいう桜はソメイヨシノのことだ。ソメイヨシノは、江戸時代末期に江戸の染井村で造園師がエドヒガン系のサクラとオオシマザクラを交配させて育成した園芸種で、今ではサクラといえばほとんどソメイヨシノを指している。しかし、分布は九州から北海道の道南までに限られ、沖縄や北海道の道東にはない。

　気象庁では全国の気象官署で統一した基準により、梅などとともに桜が開花した日を観測しており、全国主要都市の開花の平年日とその日の平均気温平年値は表のようになっている。なお、

札幌で観測されている桜はソメイヨシノだが、北海道の他の観測地点ではエゾヤマザクラが多い。

　これを見ると、東日本や北日本では、日平均気温がだいたい10℃くらいになった頃に開花することが分かる。西日本は少し高めになっているが、冬の低温期間が短いため、花芽の休眠打破が遅れるためと思われる。桜の花は春に暖かくなっただけでは咲かない。暖かくなる前に一定期間寒さにさらされなければ、花芽が眠りから覚めないのだ。

　桜前線は、3月下旬に西日本や関東南部を出発し、日平均気温10℃の線の北上に伴い、4月中旬には東北地方、5月になって北海道に上陸する。

　奥日光の桜はいつ頃咲くのだろうか。

観測地	札幌	仙台	宇都宮	東京	京都	大阪	鹿児島
サクラ開花平年日	5月3日	4月11日	4月1日	3月26日	3月28日	3月28日	3月26日
開花平年日の平均気温平年値	10.6℃	9.6℃	9.4℃	9.9℃	10.2℃	11.2℃	13.8℃

北海道並みに気温が低い奥日光ではソメイヨシノは生育しない。奥日光を代表する桜は、中禅寺湖畔や湯元温泉のオオヤマザクラだ。ソメイヨシノよりも濃いピンクの花を付ける美しい桜だ。開花日の観測が行われているわけではないが、毎年5月初旬の連休から連休明けの頃に開花する。そこで、奥日光観測所の平均気温を調べてみると、5月1日が8.0℃、5月10日が9.4℃であり、5月10日は宇都宮の平均開花日の気温と同じになっている。

　下の写真は2015年5月6日に撮影した湯元温泉の満開のオオヤマザクラの様子であるが、この日北海道の根室で日本一遅い桜（チシマザクラ）の開花宣言があった。例年よりかなり早い開花だったとのことであるが、それにしても奥日光の桜は北海道でも最後に咲く道東の桜と同じ時期に咲くのだ。

　奥日光にはオオヤマザクラの他に、戦場ヶ原周辺にはミヤマザクラ、湯元にはシウリザクラ、白根山にはタカネザクラが自生している。ミヤマザクラは数輪の花が集まって咲く美しい桜だが、あまりまとまっては分布していない。シウリザクラは湯元に見られ群生しているが、平地に分布するウワミズザクラの仲間で、猫のしっぽのような総状花序の白い花はオオヤマザクラのような派手さはない。開花はオオヤマザクラよりも遅く6月中旬となる。平地のウワミズザクラもソメイヨシノよりも遅く、4月下旬に開花する。シウリザクラが開花する6月中旬の湯元の平均気温は14℃程度で、ウワミズザクラが開花する宇都宮の4月30日の平均気温15.2℃とほぼ一致する。ソメイヨシノやオオヤマザクラは花芽の状態で冬を越し、暖かくなると直ぐに開花するのに対し、シウリザクラやウワミズザクラは新葉が展開してから花芽が

湯元温泉のオオヤマザクラと残雪の五色山

大きくなるため、開花がワンテンポ遅くなるものと思われる。

　奥日光の桜をもう一つ代表させるとしたら、白根山の高山帯に分布するタカネザクラを挙げなければならない。タカネザクラは、森林限界付近まで分布し、清楚な花は日光で最後に咲く桜だ。タカネザクラはいつ頃咲くのだろうか。

　筆者が過去に白根山で撮影してパソコンの中にため込んだ写真を調べてみた。すると、2005年7月2日に弥陀が池付近で撮った満開のタカネザクラの写真が見つかった。白根山の気温はデータがないので、計算して推定してみる。タカネザクラが咲いている標高を2300m、中禅寺湖畔の観測所の標高を1300mとすると、標高差は1000mとなる。気温の低減率を1000mにつき6℃とすると、7月2日の奥日光測候所の平均気温は16.0℃であるので、標高2300mの気温は10.0℃となる。タカネザクラもやはり日平均気温が10℃程度になると開花するようである。

　シラネアオイも6月下旬から7月上旬にかけて見頃となる。白根山の春はやっとこの頃になってやってくるのだ。

ミヤマザクラ

シウリザクラ

タカネザクラ

中禅寺湖に流れ落ちるもう一つの滝

　中禅寺湖には、地獄川（湯川）、外山沢川、柳沢川の三本の川が流入している。このうち湖水の近くで滝となっているのは湯川に架かる竜頭滝だけだ。しかしもう一つ、普段は見ることができない滝がある。

　濃霧に包まれたいろは坂を登り、中禅寺湖畔を菖蒲ヶ浜に向かってさらに車を走らせていくと、霧は晴れて青空が広がってくることが多い。青い湖面が広がり、その向こうには半月山（1753.2m）、社山（1826.7m）、黒檜山（1976m）など奥日光と足尾を分ける山々が連なる。こんな日、この山並みをよく見ると、足尾側からの雲が山並みに堰き止められ、山並みの一番低いところ、阿世潟峠（約1410m）から溢れ出して中禅寺湖の湖面に流れ落ちている光景を見ることがある。雲が流れ落ちる様子は滝のようで、これがもう一つの滝だ。

　写真は2011年4月21日午前8時頃に撮影したもので、足尾側から流れてきた雲が阿世潟峠から中禅寺湖に溢れ出している様子だ。目を凝らしてじっと見ていると、足尾側から雲が次々と流れてきて、阿世潟峠から湖面に向かってまるで滝のように落下しているのが分かる。このような雲は、雲がまるで滝のようになって落下しているので滝雲と呼ばれている。

　この不思議な雲の動きは中禅寺湖畔でしばしば見ることができるが、どのような気象条件のときにこのような現象が起こるのだろうか。大きな特徴は、足尾側に広がる雲の高さが日光と足尾

阿世潟峠から流れ落ちる滝雲

の間に連なる山並みとほぼ同じであり、上空はよく晴れていることだ。

図13は、2011年4月21日午前9時の天気図だ。東日本の真上と西日本の南に移動性高気圧があり、日本全体がまずまずの好天となる形になっている。しかし、二つの移動性高気圧の間は気圧の谷になっており、東日本の高気圧の周りを時計の針の回転方向に吹く風が南風となり、湿った空気を運んできて関東地方は雲が広がりやすくなっている。しかし、高気圧の圏内にあるので全体としては下降気流の場にあり、雲は発達しない。図14は同時刻の館野（茨城県つくば市）の気温と露点温度の鉛直分布だ。高度1600m付近を境に、下部は気温と露点温度の差が小さく、空気が湿っていることが分かる。逆に、上部は差が大きくなっており、空気は乾燥している。下部の湿った空気は、東日本にある高気圧の西の縁を回り込んで関東平野に流れ込んできた低温で湿った空気の層、上部は高気圧の中の下降気流によって形成された暖かく乾燥した空気の層となっている。性質が大きく異なる空気からなる二層構造となっている。

さて、足尾側の背の低い雲だが、下部の湿った空気の中の上昇気流により発生したもので、上部の乾燥した空気層によって頭を押さえられた雲だ。「霧降高原の霧と雲海」の項でも述べるが、このとき足尾側には雲海が広がっている。この雲海は南風に乗って奥日光側に流れ込もうとするが、そこは次に述べるように、足尾側とは全く異なる世界になっているため、雲は奥日光側には入ってくることができない。

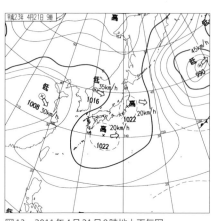

図13　2011年4月21日9時地上天気図

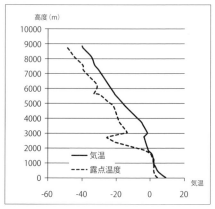

図14　気温と露点温度の鉛直分布（2011年4月21日）

図15は赤外衛星画像だ。高いところにある雲ほど白く、背が低い雲は灰色に写る。関東平野には一面に灰色の雲が広がっており、これが足尾側に広がっていた雲だ。

奥日光は、中禅寺湖の湖面の標高が1270m、戦場ヶ原は1400mもあり、関東平野の湿った空気の層が存在しない。高気圧内部の下降気流が中禅寺湖の湖面や戦場ヶ原の地表まで届き、空気は乾燥している。このため、山を越えたところで湿った空気は下降することになり、温度が上昇して湿度が下がり雲は消失することになる（図16）。

このような日、平地はどんよりと曇っていても奥日光では青空の下快適な登山やハイキングを楽しむことができる。しかし高気圧が東に去って西から低気圧が近づいてくると、次第に大気の層全体が上昇気流の場となり、奥日光といえども天気は崩れてくる。翌日の4月22日は奥日光で1.5mm、23日には77.5mmの降水量を観測した。

図15　衛星画像（2011年4月21日8時）

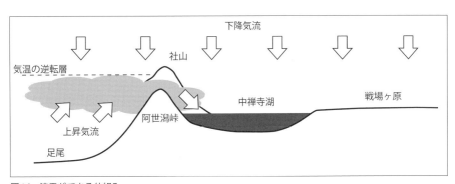

図16　滝雲ができる仕組み

高原の花の季節

　山岳、湖沼、瀑布、湿原からなる変化に富んだ奥日光の景観に彩りを添えているのが、戦場ヶ原や小田代原を中心に春から夏にかけて次から次に咲き続ける花々だ。可憐な高原の花を見るために奥日光にハイキングに訪れる人は多い。

　奥日光のどこでいつ頃どんな花が見られるのかを知るためには、日光パークボランティアの皆さんが作られた奥日光の「花ごよみ」が便利だ。戦場ヶ原、小田代原、湯ノ湖畔に分けて、1週間ごとに開花状況が記載されている。パークボランティアの方々が足で歩いて集めた記録を基に作られた力作だ。

　これを借用させていただいて、戦場ヶ原における月ごとの開花種数と月平均気温をグラフにしてみた。5月にはミヤマウグイスカグラやコミヤマカタバミなど早春の花9種類が咲き、6月になるとレンゲツツジ、アヤメなど主役級の花23種類が咲く。ピークになるのは7月で、ハクサンフウロ、イブキトラノオ、ホザキシモツケ、カラマツソウをはじめツルコケモモやモウセンゴケなどの湿原植物36種類が咲き、オールスター勢揃いの観を呈する。盛夏の8月になると、花期の長いハクサンフウロやホザキシモツケが咲き残るが、エゾリンドウ、クサレダマなど早くも秋の花が咲き出す。開花種数は減って28種類となり、晩夏から初秋の雰囲気が漂う。9月はアキノキリンソウ、リンドウなど秋の花19種類となる。

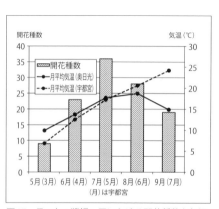

図17　月ごとの戦場ヶ原における開花種数と気温

奥日光の気温を見ると、5月から6月、7月へとぐんぐん上昇するが、8月には頭打ちとなる。これに宇都宮の気温のグラフを重ね合わすと、奥日光の5月の気温は宇都宮の3月の気温に相当し、7月までは宇都宮の2か月前の気温とほぼ一致していることが分かる（図17）。宇都宮など平地では、3月に早春の花が咲き始まり、4月、5月といろんな花が咲いていく。奥日光でも、宇都宮のこの時期と同じ気温の季節に、同じように様々な植物が開花していくということなのだろう。

しかし、この後の気温変化は奥日光と宇都宮では全く異なる。宇都宮が6月、7月へとさらに気温が上昇し盛夏へと向かうのに対し、奥日光では急激に気温が低下する。気温で見れば、奥日光には盛夏がない。早春から初夏にかけての気温上昇に合わせて様々な花が咲き続け、そしてすぐに秋を迎える、これが高原の季節なのだろう。

野鳥たちもこの期間に繁殖し、多くの野生動物の子供もこの季節に生まれる。全ての命が一斉に輝く季節が奥日光の春から初夏にかけての季節なのだ。

アヤメ

イブキトラノオ

ハクサンフウロ

霧降高原の霧と雲海

　霧降高原はその地名のとおり、霧が多いところだ。筆者が勤務する自然公園財団では、2013年4月から「日光市霧降高原キスゲ平園地」の指定管理者となってスタッフが常駐するようになった。霧降高原の気象が身近になって実感したのは、霧降高原は本当に霧の日が多いということだ。特に6月から7月にかけては、ほとんど毎日といってよいほど深い霧に包まれる。奥日光の湯元では霧の日は1年に数日しかないが、この違いはどこにあるのだろうか。

　霧降高原で霧が多く発生するのは、その地形と位置に関係がある。霧降高原は女峰山（2483m）、赤薙山（2010.5m）からなる表日光連山の東の中腹にある。これより東側には高い山はなく、関東平野に接している。冬晴れの空気が澄んだ日には、遠くに鹿島灘の海面が光って見える。霧降高原は海に臨んでいるといってもよいのだ。このことが霧の発生と大いに関係がある。

　春から初夏にかけての季節、日本付近を低気圧と移動性高気圧が交互に通過する。移動性高気圧に覆われると晴天となるが、高気圧はやがて日本の東海上に抜ける。東海上に抜けた高気圧からは時計回りに風が吹き出すが、海水面は黒潮が流れているため暖かく、海面から水蒸気が供給されるため、大気の状態が不安定となって雲が発生する。不安定な空気の層は関東平野に流れ込んできて、曇り空をもたらし、やがて日光連山に到達する。雲の底の高さは、地上からおよそ800mくらいのことが多いので、1200m以上ある霧降

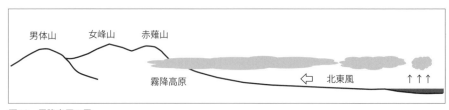

図18　霧降高原の霧

高原はすっぽり雲の中に入ってしまい、濃い霧に包まれることになる（図18）。

こうして形成された雲は、層積雲で高さがあまりないため、女峰山や男体山を越えることはない。このため霧降高原が霧に包まれているときでも、湯元や戦場ヶ原など奥日光では晴れていることが多い。

このような大気の状態のとき、雲の上面の高さが低いと霧降高原ではしばしば雲海を見ることができる。雲海は気温の逆転層ができたときに発生する。気温の逆転層ができると、雲の高さが逆転層の高さで抑えられてしまう。このようなときには上空は青空で、霧降高原からは見事な雲海を見ることができる。逆転層ができる高度によって雲海の高さは1200mから1500mと様々だ。

写真は2013年5月13日に霧降高原キスゲ平から撮影した雲海だ。右奥に見える山は高原山（1795m）で、手前に島のように山頂が雲海の上に浮かんでいるのは右が月山（1287m）、左が夫婦山（1342m）だ。山頂高度から考えると、この雲海の上面の高さはおよそ1200mと見られる。

この日の館野（茨城県つくば市）の気温と露点温度（空気中の水蒸気が凝結する温度）の鉛直分布を見てみよう。図19はワイオミング大学の気象サイトに掲載されている館野のエマグラム（emagram）データを基に簡略化して作成したグラフだ。エマグラムとは、縦軸を高度、横軸を気温として乾燥断熱線、湿潤断熱線、等飽和混合比線が引かれたグラフ用紙に、気温と露点温度が高度とともにどのように変化しているかを表したもので、大気の状態の断面図のようなものだ（「エマグラム」の項参照）。世界中で毎日世界標準時の0時と12時にラジオゾンデを上げて

霧降高原キスゲ平から見た雲海

観測、作成されている。日本では17か所で、毎日日本標準時の9時と21時に観測されている。

気温、露点温度ともに高度が上がるにつれて下がっていることが分かるが、高度約1500m付近に明らかな変化点が見られる。気温を示す実線が右側に突出している。この高度を境に、気温が急上昇しているのだ。この高度に顕著な気温の逆転層があることを示している。グラフでは表わせていないが、元データを見ると、高度1478mの気温が8.6℃であるのに対し、高度1617mでは14.2℃で、高度139mの上昇に対して気温が5.6℃も上昇している。

このグラフが示しているもう一つの特徴は、高度1500m付近を境に、下方では気温と露点温度の線はほぼ重なっているが、上方では大きく左右に離れていることだ。気温と露点温度の差が小さいということは湿度が高く雲が発生していることを示しており、差が大きいということは空気が乾燥して雲がないことを表している。風向も合わせて見ると、この日の大気の構造は気温の逆転層を境に、下方は南西から流れ込んできた湿った空気、上方は西方から吹いてくる乾いた空気からなっていたことが分かる。

このグラフは、この日の雲海の成因をよく表わしている。雲海の高さより下方では上昇気流が起こっており、そのために雲が発生している。しかし、この上昇気流は気温の逆転層に突き当たり、それ以上上昇できなくなり雲海を作ったのだ。雲海の上に広がっている青空は、上空の乾燥した空気によるものだ。館野の逆転層の高度が約

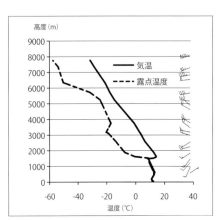

図19　気温と露点温度の鉛直分布

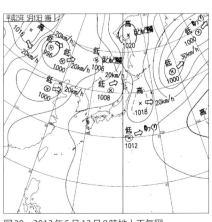

図20　2013年5月13日9時地上天気図

1500mであるのに対しこの日霧降高原で見られた雲海の高さはおよそ1200mと若干の違いがあるものの、この日の関東地方一帯の上空には気温の逆転層が広がっていたと考えられる。

　この日の宇都宮と今市、奥日光の日照時間を調べてみよう。宇都宮では6時から14時までは1時間当たりの日照時間は0時間、14時から17時までは0.3～0.7時間で、ほとんど終日曇り空で日照がなかった。今市では6時から16時まで0時間、16時から18時が0.1～0.2時間で、やはり日照はほとんどなかった。一方、奥日光では5時から17時まで1時間、17時から18時は0.8時間で、1日中日差しがあった。この日、雲海の下では1日中曇りで、雲海の上の奥日光では上天気であったわけだ。

　この日の天気図を見てみよう（図20）。関東地方の東海上に移動性高気圧があり、関東地方はその後面に入っている。日本海の中央部と関東地方のはるか南に小さな低気圧があるが、天気を崩すようなものではない。おおむね晴れる気圧配置だが、関東地方には移動性高気圧の縁を時計回りに吹く南からの湿った風が入り込みやすい形になっている。雲海を作った雲はこの南からの湿った気流によりできたものと考えられる。それでは気温の逆転層はどうしてできたのだろうか。

　東海上の高気圧からは周りの気圧の低いところに向かって風が吹き出している。そして高気圧の中では吹き出した空気を補うようにして上空から海面に向かう下降気流が発生する。空気は下降すると圧縮されて気圧が上がり、気温は上昇、湿度は下がる。この日は、高度1500m付近で、高温で乾燥した下降気流と南から流れ込んだ比較的低温で湿った空気の層がぶつかり、異なった性質を持つ空気の境が逆転層

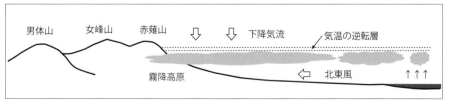

図21　雲海ができる仕組み

になったわけだ(図21)。

　関東地方が移動性高気圧の圏内にあっても、中心が北に偏っているときには北東から、東海上に抜けたときには南から湿った気流が関東平野に流れ込む。このようなとき、高気圧の下降気流と湿った気流の境に気温の逆転層ができやすく、霧降高原では雲海を見ることができる。霧降高原以外でも、日光では標高がおよそ1200m以上で関東平野を見下ろす場所であれば、どこでも雲海を見ることができる。車で簡単に行けるところとしては、いろは坂の明智平、半月山なども絶好の雲海ウォッチ・ポイントだ。

　盛夏の頃、朝晴れていても午後になると霧降高原ではよく霧が発生するが、その原因は少し違う。関東平野が炎暑にあえぐようなとき、関東平野には南東の風が吹く。これは海風のようなものだ。日中は、気温が比較的低い海上から内陸に向かって風が吹く。この海風が日光連山まで来ると、やはり日中に吹く谷風と相まって、山の斜面に沿って上昇する。これに加えて、強い日差しで熱せられた女峰山や赤薙山の南斜面からは上昇気流が発生する。空気が上昇して冷やされると雲が発生する。このようにして、真夏は昼前から雲が発生し、午後には霧降高原はすっぽりと霧に包まれてしまうことが多い(図22)。このようなときは気温の逆転層もないので雲海は発生しない。

　写真は、2016年10月7日に男体山山頂付近から撮影した白根山から女峰山、霧降高原にかけてのパノラマ景観だ。女峰山以西の奥日光には青空が広がっているが、霧降高原には雲がかかっている(口絵参照)。この雲は、霧降高原の斜面で温められた空気がこの日関東平野に吹いていた弱い南東の風によって上昇してできたものと思われ

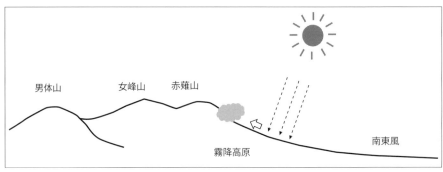

図22　夏の霧

る。

　気をつけなければならないのは、上空に寒気が進入してきたときだ。上空に寒気があると、上昇した空気は周りの寒気よりも暖かく軽くなるので、ますます上昇することになる。雲は高く発達して雷雲にまで成長する。霧降高原の雷は、雷雲が他の場所から移動してくるのではなく、その場で発生することが多いため、霧の中で突然雷鳴が響き渡り大粒の雨が降ってくることがあるので注意しなければならない。

　危険な霧もある。気象台では視程100mを基準に濃霧注意報を発表しているが、霧降高原では時折極めて濃い霧が発生することがある。通常発生する霧は視程50m程度だが、視程10mほどの極めて濃い霧が発生するのだ。春や秋、年に数回程度しか発生しないが、急なカーブが多い霧降高原道路では車の運転は非常に危険な状態になる。霧を構成する細かな水滴の密度は雨粒を作るほどに高く、車を走らせていると雨が降っているときのようにフロントガラスが濡れる。しかし路面は乾いている。

　この濃い霧は雨が降っているときには発生しない。雨が降っていると霧を構成する細かな水滴が雨粒に衝突合併されるからと思われる。雨粒が形成されるほどに水滴の密度が高くなっているが、密度が高いだけでは雨粒は形成されない。雨粒を成長させるきっかけとなる氷晶や、海上であれば空気中に漂う海塩が必要だ。春秋には氷晶は存在し得ないし、内陸に位置する霧降高原では海塩も存在しない。何らかの条件で霧の密度が高くなったが雨になる条件がない。このようなことが霧降高原では起こる。

霧降高原にかかった雲

奥日光には梅雨がない？

　関東地方では、例年6月8日頃に梅雨入りし、7月21日頃に梅雨が明ける。この間毎日雨が降るわけではないが、曇りや雨の日が多くなる。

　そんな梅雨の時期、朝からどんよりと曇る宇都宮を出発して日光宇都宮道路を走り、車がいろは坂に差しかかると霧雨が降り出すことが多い。しかし、いろは坂を登り切り、中禅寺湖畔に出てさらに進み、菖蒲ヶ浜に差しかかる頃には雨が止んで雲の合間に青空がのぞいてくることがある。さらに戦場ヶ原まで登ってくると、一面の青空が広がっていた、こんな経験をされた方も多いと思う。これをもって「奥日光には梅雨がない」と言われることも多い。このような現象はどうして起こるのだろうか。

　このような天気のパターンは、北東気流が関東平野に流れ込むときに現れる。北東気流とは、低気圧が東に去った後、関東地方から見て高気圧が北寄りに張り出した場合、高気圧から吹き出す北東風のことをいう。曇りや小雨の悪天候を関東地方にもたらすことで知られている。

　関東地方の東には太平洋があり、この上を海水温より低温の北東風が吹いてくると、空気は下から水蒸気の補給を受け、一定の高さまでたっぷり水蒸気を含んだ層ができる。この湿潤な空気の層の中で雲が発生し、関東平野に流れ込んでくると、曇り空となって、小雨が降ることもある。しかし、この北東風は大気の下層の高さ2000m程度以下に限られ、上空は西風となって

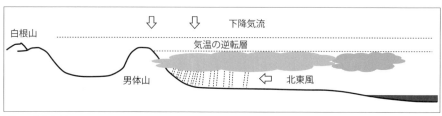

図23　北東気流

空気は乾燥していることが多い。下層の北東風と上空の西風の間は気温の逆転層になっており、雲はこの逆転層を突き抜けて発達することができないので、高さは低く抑えられる（図23）。そして、このような低い雲は那須、高原、日光の高さ2000mを超える山々に堰き止められ、それ以上西には流れていかない。このため、関東平野で曇っていても奥日光や奥鬼怒などの地域では晴れることが多い。ただし、男体山や女峰山の東斜面の霧降高原では北東気流が斜面に沿って上昇し雲がやや発達して小雨が降ることがある。

それでは、北東気流はどのようなときに吹くのだろうか。

図24の天気図は2015年6月8日のものだ。日本のはるか南に梅雨前線があり、日本の東海上に高気圧がある。この天気図の場合、北東風ではなく南南東風であるが湿った風が関東地方に吹き込んでいる。この日の天気は、気象庁の記録によると、宇都宮は曇り一時晴れ、夜は曇り後雨となっている。一方、日光湯元ビジターセンターの業務日誌を見ると、湯元は午前中晴れ、午後は曇りと記録されている。宇都宮は一日中曇りがちであったが、奥日光ではまずまずの好天だったのだ。

このような現象は、北東気流の影響で大気は下層が湿っているが上空は乾燥している条件下に限られるが、この日の上空の気温と湿度はどうなっていたのだろうか。図25は館野（茨城県つくば市）の気温と露点温度の鉛直分布だ。

6月8日の鉛直分布を見ると、高度が2200mから3000m付近にある気温

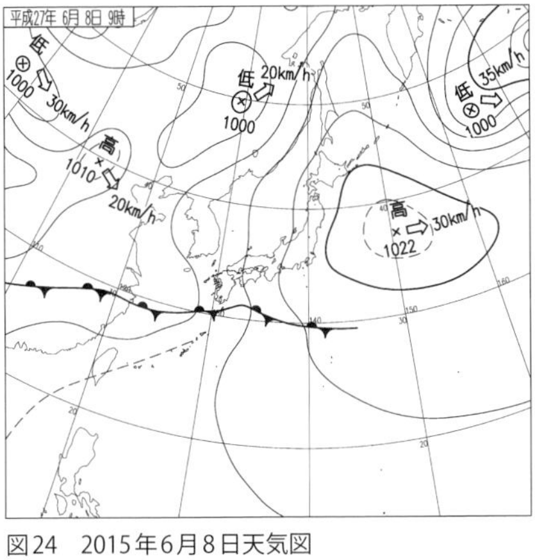

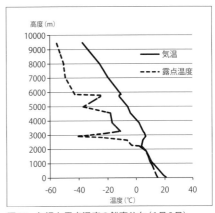

図24　2015年6月8日天気図

図25　気温と露点温度の鉛直分布（6月8日）

の逆転層の下まで気温と露点温度の差が小さく、空気が湿っていることが分かる。そして、逆転層より上空では差が大きくなり、空気が乾燥していることが分かる。次に上空の天気図を見てみよう。図26はこの日の500hPa高層天気図だ。地上では高気圧が日本の東海上に位置するのに対し、上空の気圧の尾根は東日本の上に位置している。気圧の尾根は下降気流の場で、下降した空気は気温が上昇し乾燥する。これが気温の逆転層の発生要因であり、逆転層を境にして異なる天気をもたらした。

この日は、下界では天気が悪く、奥日光ではまずまずの好天の典型的な日で、このような日に奥日光を訪れると、思いがけない青空の下で、初夏の瑞々しい自然を思う存分楽しむことができる。下界の天気が悪いと人出も少なくなり、空いているというメリットもある。

しかし、低気圧が近づいてきて天気が本格的に崩れるときは、奥日光でも雨が降る。図27は翌日の6月9日の天気図だ。低気圧が関東付近にあり各地

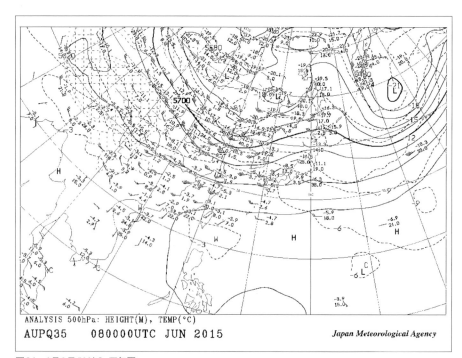

図26　6月8日500hPa天気図

第 2 部　春の天気

で雨となった。この日、宇都宮では24.5mm、奥日光では22mmの雨が降った。日光湯元ビジターセンターの業務日誌では、午前中が雨で午後は曇りと記録されている。

この日の気温と露点温度の鉛直分布、図28を見てみよう。6月8日とは上空の様子が大きく違っている。高度10000mまで気温と露点温度の差が小さい状態が続いている。上空まで湿った空気に覆われていたことが分かる。

低気圧を含む気圧の谷が近づいてくるときは、上空まで南西の暖かく湿った空気が流れ込んでくる。このような気圧配置のときは、奥日光でも天気は大きく崩れる。「奥日光には梅雨がない」と言えるのは、関東平野に北東気流が入り、上空は乾燥した空気に覆われている場合だけに限られる。奥日光にも梅雨はある。

東風に乗って中禅寺湖に流れ込む層積雲

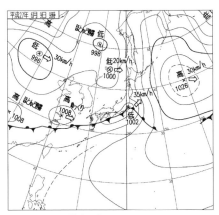
図27　6月9日地上天気図

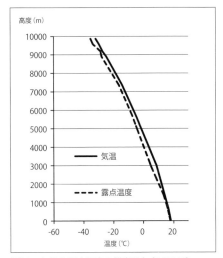
図28　気温と露点温度の鉛直分布（6月9日）

第3部 夏の天気

奥日光はなぜ涼しい？

　山の上や高原は低地よりも気温が低い。あまりにも当たり前のことだが、よく考えると不思議だと思わないだろうか？　太陽に近くなるのにどうして気温が低くなるのか？

　結論を先に言ってしまうと、本当は、山の上や高原は低地よりも気温が高い。逆説的だが、何事も比較というのは、比較する要素以外の条件を全て同じにしなければならない。

　ある夏の日の奥日光戦場ヶ原の気温が20℃、宇都宮の気温が30℃とする。どちらの気温が低いだろうか？　奥日光の方が低いに決まっているとお考えのあなたは不正解だ。この場合、宇都宮の方が低いのだ。

　奥日光戦場ヶ原の高さは約1400m、宇都宮は約100mで、そのままでは比較の条件が違う。高さが違うと気圧が違う。条件を同じにするためには気圧を同じにしなければならない。宇都宮にある空気の塊を戦場ヶ原まで持ち上げてみよう。高度が上がると気圧が低くなっていくので、空気の塊は上昇するにしたがって膨張していく。膨張するということは、その空気の塊は外に向かって仕事をすることになるため、内部エネルギーを失い、その分気温は低くなっていく。

　この日は快晴で空気が乾燥し雲が発生しないとすると、気温は乾燥断熱減率にしたがい、100m上がるごとにおよそ1℃ずつ低くなっていく。ここで「100m上がるごとに0.65℃ずつ下がる」と教わったと思う方も多いだろう。0.65℃というのは、対流圏の熱収支、

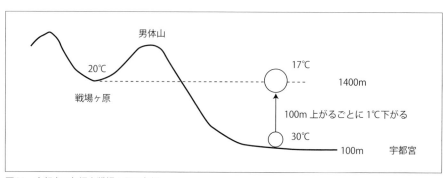

図29　宇都宮の気温と戦場ヶ原の気温

大気の運動などのバランスの上に成立している平均的な気温の減少率だ。乾燥断熱減率1℃という値は熱力学の第1法則と静水圧平衡の式から得られる数値だ。

さて、戦場ヶ原まで持ち上げた宇都宮の空気の気温を計算してみよう。30℃ −（1400m − 100m）/ 100m × 1℃ = 17℃となり、戦場ヶ原の20℃よりも低くなる（図29）。ただし、これはあくまでも計算上のことで、持ち上げた空気が周りの空気より低温になってもさらに上昇を続けることは実際にはあり得ない。

気象学では、気温を比較するとき、気圧が1000hPa（海抜0m）のときの気温を使う。この気温のことを温位と呼ぶ。ただし、空気中に水蒸気が含まれていると、雲ができたり消えたりするときに熱の出入りが生じる。水蒸気も考慮にいれた温度のことを相当温位と呼ぶ。湿った空気が上昇すると、気圧が下がるとともに次第に気温が下がりついには露点温度に達する。露点温度とは、空気中の水蒸気が凝結する温度のことで、湿度が100％になることを意味する。この高度で雲が発生する。水蒸気が小さな水滴になるわけで、そのときに凝結熱が発散され、空気を暖める。その分、空気の上昇に伴う気温の低下が鈍くなる。この場合、100m上がるごとにおよそ0.5℃ずつ低くなり、これを湿潤断熱減率という。

大気下層にあって相当温位が高い空気は、何かのきっかけで上昇したとき、すぐに雲が発生してその後は湿潤断熱減率で気温が下がるので周囲の空気よりも高温になりやすく、雲が発達しやすい。上空に寒気が入り、下層に相当温位の高い空気が流れ込んでくると、積乱雲が発達して大雨になる。

さて、タイトルに戻って、奥日光は

戦場ヶ原から望む男体山

なぜ気温が低く真夏でも涼しいのか？対流圏の中では対流によって暖かい空気ほど上空に溜まっている。ただし、ここでいう「暖かい」は、気温ではなくて温位だ。上空に行くほど温位が高くなるが、気圧が低くなるので、対流圏内の気温分布は上空に行くほど低くなっている。

それでは、太陽に近くなるのにどうして気温が低くなるのか。その答えは、上空に行くほど気温が低くなるのは、地球から遠くなるからということになる。太陽から来る熱は、直接地球の大気を温めているのではない。大気は太陽から来る赤外線に対してほとんど透明で、大気が太陽の赤外線を吸収することはほとんどない。太陽の赤外線を吸収して温まるのは地表面だ。地表面が温まると、地表面に接する空気に熱が伝達され温められる。温められた空気は軽くなるのでサーマルと呼ばれる空気の塊になって上昇、すなわち対流を起こし、大気は次第に地表に近いところから温められていく。

温められた地表面もまた、宇宙空間に向かって赤外線を放射する。全ての物質は、その温度（絶対温度K-ケルビン）の4乗に比例して赤外線を含む電磁波を放射する。ステファンボルツマンの法則という。地表面から放射された赤外線は全て宇宙空間に逃げていくのかというと、そうではない。大気中にある水蒸気にその多くが吸収されるのだ。水蒸気からもまた赤外線が放射されるが、宇宙空間に向かうものもある一方、地表面に向かっても放射される。こうして地表面と大気中の水蒸気の間で赤外線が行ったり来たりして大気が温められていく（図30）。これを水蒸気の温室効果という。水蒸気の温室効果は二酸化炭素のそれよりもはるかに大きい。水蒸気の温室効果がなけれ

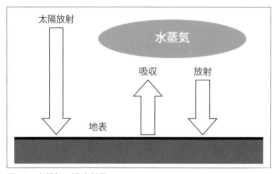

図30　水蒸気の温室効果

ば、地球の平均気温は氷点下になるといわれている。

　奥日光のような高原で気温が低いのは、地表よりも上の空気中にある水蒸気の量が少ないため、温室効果もまた小さいことが考えられる。8月の宇都宮の平均相対湿度は78％、水蒸気圧は25.5hPaに対し、奥日光ではそれぞれ87％と18.8hPaで、奥日光は宇都宮に比べ、相対湿度は高いものの水蒸気圧は低くなっている。相対湿度は飽和水蒸気量に対する実際に空気中に含まれている水蒸気量の比率である一方、水蒸気圧は空気中に含まれている水蒸気の絶対量を表している。奥日光の方が空気中の水蒸気の絶対量が少ないのだ。当然、温室効果も小さくなる。

　実際に奥日光と宇都宮ではどれくらい気温が違うのだろうか。気象庁の統計データを引用すると、8月の奥日光（中宮祠1291.9m）の平均気温は18.7℃、宇都宮は25.6℃だ。気温差は6.9℃で、奥日光・宇都宮間の気温減率は0.59℃/100mとなっている。100mにつき0.65℃という数値に近い値だ。不快指数を計算してみると、奥日光は65.1で「快い」となり、宇都宮は75.7で「やや暑い」となる。やはり奥日光は涼しい。

　ところで、主にヨーロッパの国々からの外交官がこの奥日光の夏の涼しさに着目した。ヨーロッパの国々は、大陸の西の位置にあるため西岸海洋性気候で夏は涼しい。それらの国々から来た外交官たちは東京の夏の蒸し暑さは耐え難かったのだろう。明治の中期から昭和の初期にかけて、涼しさを求めて奥日光の中禅寺湖畔には多くの外国人別荘が建てられた。

　図31は、東京、奥日光と中禅寺湖南岸に別荘を建てたイギリス、イタリア、フランス、ベルギーのそれぞれの

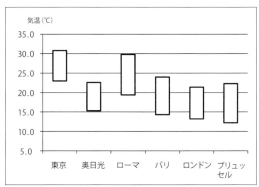

図31　東京、奥日光とヨーロッパ各都市の8月平均気温

首都の8月の平均最高気温、最低気温をグラフにしたものだ。東京の平均最高気温は30.8℃、平均最低気温は23.0℃であるのに対し、ヨーロッパの各都市は、ローマの29.8℃を除いて最高気温は25℃に満たない。特に最低気温は20℃を大きく下回り、最高気温が東京並みに高いローマでも19.4℃と大変に涼しい。熱帯夜など無縁の気候だ。そして奥日光はというと、最高気温が22.6℃、最低気温が15.3℃と、ヨーロッパの各都市と同様の気温となっている。ヨーロッパの国々から来た外交官たちは、奥日光に故郷の夏を見つけたということなのだろう。

温暖化が話題になる昨今であるが、明治の頃と今で、東京と奥日光の気温に変化があるのかどうか8月の平均気温を調べてみた（図32）。東京は1874年から、奥日光は1944年からの観測記録となる。東京はやや右肩上がりであり温暖化の傾向が見て取れるが、奥日光は気温上昇の傾向はほとんどないように見える。両者の気温差には変化は見られない。昔も今も奥日光の夏は涼しい。

イギリス大使館別荘

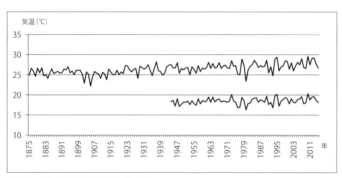

図32　東京と奥日光の8月平均気温

奥日光にも暑い日がある

　夏の奥日光の涼しさは格別だが、時には暑い日もある。2015年7月25日は奥日光で最高気温29.0℃を記録した。低地の夏では普通の気温だが、奥日光では平年値を6.5℃上回る大変な暑さだ。気象庁の記録を調べると、1996年から2015年の20年間で奥日光の最高気温が29℃以上となったのは、この日を含めて4回しかない。過去20年間で一番暑かったのは、2001年7月24日の29.7℃で、この日の29.0℃は4番目の記録だ。

　この日は、毎年行われている「奥日光CRTクリーンキャンペーン」の開催日で、約250名の参加者は"猛暑"の中でゴミ拾いに精を出した。

　どのような気象条件のときに、普段は涼しい奥日光でも暑くなるのだろうか。この日の天気図を見てみよう。図33は地上天気図だ。日本の南東に夏の高気圧である太平洋高気圧があり、西日本に向かって張り出している。ごく普通の夏の天気図だ。次に高層天気図を見てみよう。図34から図36は、それぞれ850hPa（高度約1500m）、500hPa（同5500m）、300hPa（同9000m）の天気図だ。

　850hPaでは地上天気図とほぼ同様、日本の南に高気圧があり日本付近にゆるく張り出している。しかし、500hPaでは日本の南の高気圧がかなり明瞭な姿になっている。そして特徴的であるのは300hPa天気図だ。日本の真上にはっきりとした高気圧が描かれている。この上空はるか高いところにある高気

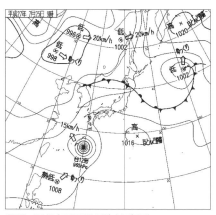

図33　2015年7月25日地上天気図

図34　2015年7月25日850hPa天気図

圧は、チベット高気圧と呼ばれるものだ。平均高度が4500mもあるチベット高原では、真夏の日射で熱せられて高気圧が形成される。それが日本付近まで張り出してきたものだ。この日の日本付近は地上から対流圏上部まで高気圧に覆われ、このような高気圧は「背の高い高気圧」と呼ばれている。そして背の高い高気圧がこの日の高温をもたらしたのだ。

　高気圧の中心付近では、下降気流が発生している。上空にある、気温は低いが相当温位は高い空気は、下降して高度が低くなるにつれ、圧縮されて気圧が高くなる。気圧が高くなっても相当温位は変わらないが気温は上昇する。気温の上昇のしかたは、高度100mにつき約1℃で、乾燥断熱減率と同じだ。地上の空気よりも相当温位が高い空気が下降、圧縮されて温度が上昇するので、気温は著しく高くなる。高い高度

に出現するチベット高気圧があるかないかの違いは、高度が1400mある奥日光では顕著な形で現れる。

　もう一点、奥日光でも暑い日がしばしばある理由がある。特に戦場ヶ原は盆地状の地形であるため、「戦場ヶ原にできる幻の湖、冷気湖」の項で触れるが、1日のうちの気温の較差が大きい。風が弱く日射が強い日は、標高が高いといえども地表が太陽の放射により温められる。高温となった地表から地表に接する空気に熱が伝導し、地上付近は平地と同じように高温となる。山の稜線であれば、風が吹くと高温の空気はたちまち流れ去って本来の高度の気温に戻るが、広い盆地となった戦場ヶ原では少し風が吹いても暖まった空気は容易には流れ去らない。奥日光らしい涼しい日でも、日向に出るとムッとする暑さに遭遇することがあるが、このような奥日光の地形に起因するものだ。

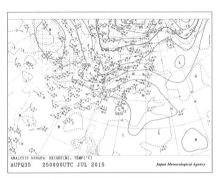

図35　2015年7月25日500hPa天気図

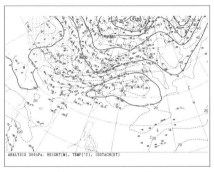

図36　2015年7月25日300hPa天気図

日光連山は雷雲の発生装置⁉

　真夏の関東平野は、太陽に熱せられて最高気温が30℃を超す暑い日が続く。しかし、関東地方の東に広がる太平洋上は陸地ほどには気温が上昇しない。この気温差が海風となって、太平洋から関東平野の内陸に向かって南東の風が吹き込んでくる。この風は海の上では涼しかったのが、炎熱の関東平野で暖められて高温となり、やがて日光連山や高原山、那須の山々に達し、斜面に沿って上昇する。上昇した空気は気圧が下がるとともに気温も下がり、雲ができる。

　このようにして、夏の午後は関東北部の山々には必ずといってよいほど雲が発生する。この雲は通常は積雲で、雷雨をもたらす積乱雲にまでは発達しないが、条件が満たされると急激に発達して積乱雲となり、大雷雨をもたらすことがある。

　雲が発達するのは、上空に寒気が入ってきたときだ。上空にある寒気は重く、地上付近で熱せられた空気は軽いので、重く冷たい空気は下降し、高温で軽い空気は上昇する。対流が起こるのだ。このように対流が起こりやすい大気の状態のことを「大気の状態が不安定である」という（「天気が不安定」という言い方は気象学的にはない）。

　日光連山に当たって上昇した空気は、不安定な大気の状態のもとで上昇を加速させる。そして巨大な積乱雲に発達し、その下では土砂降りの雨となり、落雷や雹が降ったり、突風が吹いたり大荒れの天気となる。2013年5月に茨城県や栃木県の一部であったよう

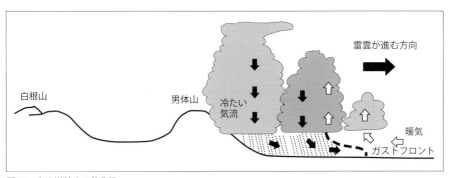

図37　自己増殖する積乱雲

に、時には竜巻が発生することもある。

　一つひとつの積乱雲の寿命は短く、雨粒を落とし切ってしまえば1時間くらいで衰えてしまう。しかし実際の雷雲は日光から宇都宮、さらには茨城県方面へと数時間かけて移動していく。これはどういうことだろうか。

　積乱雲の中には、雨粒や雹といっしょになって下降する冷たい気流がある。これが地表に突き当たって周りに冷たい風が吹き出す。この冷たい風の先端部のことをガストフロントという。この冷たくて重い空気の上を暖かく軽い南東の風が吹き上がり、新たな積乱雲を発生させる。雲が雲をつくるのだ（図37）。こうして次から次に南東の方向に新しい積乱雲が発生し、あたかも雲が移動しているかのように見えるが、雲をつくる大気の状態が移動しているのだ。

　図38は2015年7月30日に発生した雷雨の移動経路を示したものだ。気象庁の高解像度降水ナウキャストの画像を1時間おきに並べている。12時45分に足尾付近にあった小さな雨雲は1時間後にはかなり発達し、15時頃には宇都宮市付近を通過してさらに南東方向に進み、17時15分には茨城県に達して衰弱している。

　連日暑い日が続く真夏でも、時折上空に寒気が入ってくる。日本列島に炎暑をもたらすのは太平洋高気圧（亜熱

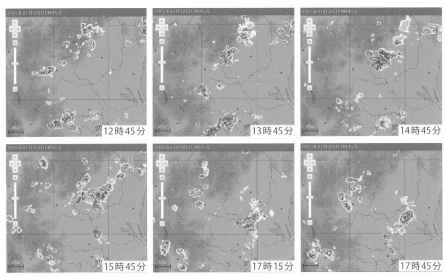

図38　2015年7月30日の雷雨の移動経路（12時45分〜17時45分）

帯高気圧)であるが常に安定しているわけではない。北極を取り巻く冷たい空気と絶えずせめぎ合っている。暖かい空気と冷たい空気がぶつかるところが前線帯であり、寒暖の空気の強弱によって波打ちながら西から東に移動している。この波が日本付近まで南下してくるとき、上空には北からやってきた寒気が流れ込んでくる。

図39は、2012年8月18日の地上天気図に500hPaのマイナス6℃の等温線を重ね合わせたものだ。地上天気図を見ると、日本の東から西に張り出す夏の高気圧に覆われ好天が続くような気圧配置になっている。この天気図からは雷雨は予想できない。しかし太い実線で示すように、500hPa面ではマイナス6℃以下の寒気に覆われている。真夏の500hPa面でマイナス6℃以下は、雷

雨発生の目安で、この日雷雨が発生する可能性が大きいことが分かる。この日は、奥日光では38.5mm、宇都宮でも38mmの雨と雷が観測されている。図40は、奥日光から南東方向に位置する都市の降水量をグラフにしたものだ。奥日光に近い今市や鹿沼ではほとんど雨が降らなかったが、少し離れた宇都宮や小山では降水量が多くなっている。下館や土浦でも少し降っている。

ハイキングや登山に行くときには、500hPa天気図の気温分布をチェックしておきたい。

真夏の上空の寒気に関しては、一つやっかいな現象がある。それは南からやってくる寒気の存在だ。図41は、2014年8月18日から21日にかけての500hPa天気図だ。

冷たい空気がやってくるのは北の方向からと思ってしまうが、夏期には日本列島の南方から来る場合がある。南

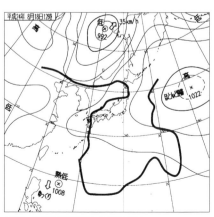

図39　夏型気圧配置と上空の寒気

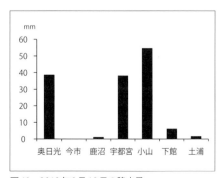

図40　2012年8月18日の降水量

方から来る寒気も、そもそもの由来は北からなのだろうと思われるが、真夏の時期には日本の南東にある亜熱帯高気圧の縁を時計回りに回って何日もかけて南から日本にやってくる。これも山に行く数日前から毎日高層天気図を見て、もし南海上にマイナス6℃以下の寒気の塊があれば、その動きをチェックしておく。確実にゆっくりと動くので、日本の上に来るかどうか、来るとすればいつ頃かが判断できる。

日光は雷雲が発生しやすい場所だ。出かける前に天気予報を見て、気象予報士が「大気の状態が不安定」と言っているときは、雷雨に遭わないよう、早目の出発、到着を心がけたい。

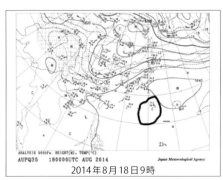
2014年8月18日9時

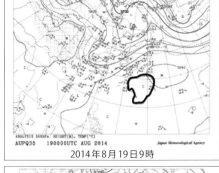
2014年8月19日9時

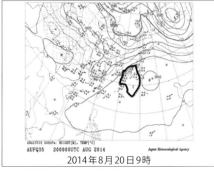
2014年8月20日9時

2014年8月21日9時

図41　南から来る寒気

日光連山では頭の上で雷雲が発生する

　宇都宮など平野部を襲う雷雨は、日光連山などで発生した雷雲が移動してくるものだ。北西の空が黒くなり急に冷たい風が吹いてきて、ゴロゴロと雷鳴が近づいてくる。間もなく雷雨が来るなということが分かる。やがて大粒の雨がボタボタと落ちてきて、激しい風雨と落雷に見舞われる。雷雨の予兆を感じてから激しい雷雨に見舞われるまで時間の余裕がある。

　しかし、雷雲発生の場所である日光では、そのような余裕はない。図42、図43は、2015年8月5日、日光連山で発生した雷雲の様子だ。気象庁の高解像度降水ナウキャストの画像を5分おきに並べている。13時30分に奥日光に現れた弱い降水域は、僅か10分後の13時40分には1時間40mm以上の強い降水域を伴うまでに発達した。しかし、その後は衰退している（口絵参照）。

　一方、霧降高原に13時40分に発生した小さな雨雲には、13時50分に30mm/h以上の降水域が現れ、14時20分には80mm/h以上の非常に強い降水域を伴うまでに発達した。この間僅か40分しか要していない。筆者はこのとき霧降高原レストハウスに勤務していたが、13時45分頃から大粒の雨が落ち始め、その後激しい雷雨となった。14時以降には至近距離に数回の落雷があった。

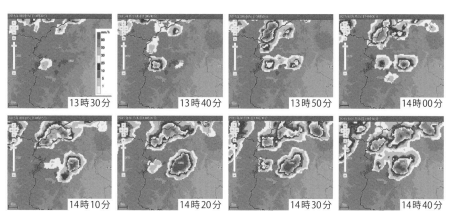

図42　2015年8月5日の雷雲発達の推移（その1）

さて、14時以降にはすっかり雷雲が衰えた奥日光であるが、15時10分には再び強い降水域が現れている。そして僅か10分後の15時20分には、奥日光全域が80mm以上の非常に激しい降水域に包まれてしまっている。以上のように、霧降高原、奥日光ともに、この日は雨雲が発生してから僅か10分から30分後には激しい雨を降らせる雷雲にまで急発達している。雷雲が離れた場所から移動してくるのではなく、一定の場所でごく短時間のうちに急激に発達したのだ。

このような雷雲は激しい上昇気流により発生するが、上昇気流は毎秒20m程度になることもある。雷雲の雲頂の高さが10000mとすると、標高1500mの奥日光から10000mの高さまで毎秒10mの速度で上昇するものとして時間を計算すると、わずか14分ほどしか要しないことが分かる。このような短時間のうちに天気が急変する場合、安全な場所に避難する時間もなく、対応が大変に難しい。

雷雨発生の兆候があってからでは間に合わないので、ハイキングや登山に出かける際には雷雨発生の可能性を把握しておくことが必要だ。「夏の奥日光の天気の注意点」の項で述べるが、朝出かける前に500hPa天気図の気温分布などを確認しておきたい。

 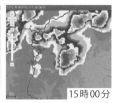 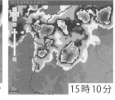 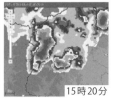

14時50分　15時00分　15時10分　15時20分

図43　2015年8月5日の雷雲発達の推移（その2）

夏の奥日光は雨が多いか

　猛暑日が続く夏休みの日、緑が美しく、花々が咲く涼しい奥日光でハイキングを楽しみたくなる。しかし、心配なのは天気だ。平地では、この時期雨があまり降らない印象があるが、奥日光ではどうなのだろうか。2005年から2015年までの11年間、7月20日から8月31日までの降水量と雨日数について、奥日光と宇都宮のデータを気象庁ホームページで調べグラフにしてみた（図44）。

　その結果、奥日光と宇都宮では意外に降水量、雨日数とも大きな違いがない年が多いことが分かる。山間部の奥日光の方が降水量が多くなりそうであるが、宇都宮は雷雨が多いため降水量が多いものと考えられる。

　奥日光と宇都宮の大きな違いは、奥日光の降水量が突出して多い年が時々あることだ。奥日光の降水量が多くなったときには何があったのだろうか。奥日光と宇都宮の降水量の差が大きかった2005年、2011年、2014年の毎日の降水量を調べてみた。

　各年で降水量の差が一番大きかった日を拾い出してみると、2005年7月26日の奥日光183mmに対し宇都宮85mm、2011年7月29日の奥日光107mmに対し宇都宮40mm、2014年8月10日の奥日光192.5mmに対し宇都宮44.5mmであった。

　これらの日の天気図を次に示す。図45は2005年7月26日の地上天気図だ。

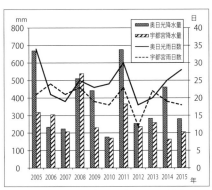

図44　奥日光と宇都宮の降水量と雨日数（7月20日〜8月31日）

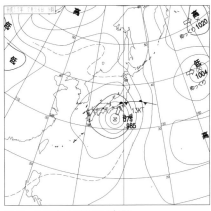

図45　2005年7月26日天気図

台風7号が関東地方に接近している。この天気図型は、「幻の湖、小田代湖」で後程述べるが、奥日光に大雨をもたらす形だ。台風の東側に吹く湿った南東の強い風が日光連山に当たり、上昇気流となって積乱雲を発達させ、奥日光では大雨となる。このような気圧配置のときは宇都宮をはじめ関東地方では広く大雨となる。図47に示す2014年8月10日の天気図においても同様に台風11号が西日本にあり、南東の風が日光連山に当たる形となっている。2011年7月29日の天気図には台風の姿はなく、関東地方に前線が横たわる形となっている（図46）。

また、2005年、2011年、2014年は雨日数の差も大きくなっている。奥日光で降水があり宇都宮でなかった日数は、2005年は13日、2011年は10日、2014年は10日で、奥日光の降水量はそれぞれ93.5mm、102.5mm、29.5mmとなっている。

これらの年に奥日光で雨が降り宇都宮では降らなかった日は、ここでは天気図は省略するが、一番多いパターンは日本海から前線が南下または本州を通過するものだった。前線の南下は北からの寒気の南下を伴い、このため大気の状態が不安定になって積乱雲が発達して雨を降らす。日本海側や奥日光を含む本州の山岳地帯では前線の影響を顕著に受けるが、宇都宮など関東平野では寒気が山岳地帯で堰き止められるため影響は受けにくい。このため奥日光で降っても宇都宮では降らなかったと考えられる。

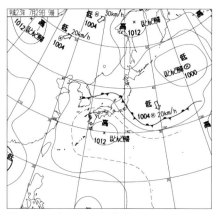

図46　2011年7月29日天気図

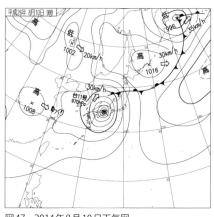

図47　2014年8月10日天気図

奥日光の不思議な水の流れ

　国土地理院の25000分の1地形図を広げてみよう。不思議なことに気づくはずだ。戦場ヶ原を囲む山々に刻まれた谷に水線が引かれていないことだ。光徳から流れてくる逆川には水線が引かれているが、逆川橋をくぐったところで消失している。男体山、太郎山、大真名子山、小真名子山から流れ出る水を集める御沢も流域のなかほどに深く刻み込まれた御沢金剛峡で水流は途絶えている。白根山側の外山の東斜面には全く水線がない。

　切込刈込湖も不思議だ。湖の北西側には常に水が流れ込む沢があるが、湖から流れ出す沢はない。しかし湖の水位は1年中ほぼ一定している。切込刈込湖の東に位置している枯沼は凹地で水が溜まれば湖になるはずだが、字のごとく水が溜まることはない。しかし蓼ノ湖には水が溜まっている。

　湯ノ湖も1周してみると不思議なことに気づく。湯ノ湖に注ぐ沢は白根沢1本しかなく、その水量は多いとはいえない。一方、湖から流れ出るところは湯滝となって、白根沢よりはるかに多量の水を落として豪快な姿を見せている。

　これらの現象は、奥日光の地形は火山によって形成されており、透水性の高い地層に覆われているためと考えられる。このため、降った雨はほとんどが地下に染み込んで地表を流れること

図48　奥日光の地形図

がない。上流部では水が流れていても、戦場ヶ原周辺に形成された、砂礫が厚く堆積した扇状地に到達して水は伏流する。

切込刈込湖は、湖に流入する水量と地下に浸透する水量が釣り合っているため、水面の高さが一定しているのだろう。湯ノ湖は湖底から大量の水が湧き出ていると考えられる。実際、西側の湖岸を歩くと、いたるところで湧水を見ることができる。

湯滝となって流れ落ちた水は、湯川となって戦場ヶ原を悠々と流れるが、広大な流域面積のわりには水量が少ない。奥日光に降った雨はいったいどこに行ったのか。

その答えは地獄川にある。竜頭滝の下流で湯川は地獄川に合流しているが、湯川の水が濁っているのに対し、地獄川の水は名に似合わず清冽だ。竜頭滝下駐車場から流れを見下ろすことができるがあまり注目されることはない。この地獄川を少し遡ると、崖があって大量の湧水が滝となって落ちているところがある。この大量の水は、戦場ヶ原の地下を流れてきたものと考えられる。そしてその水源は、おそらく戦場ヶ原を取り囲む山々に降り注いだ雨だろう。透水性の高い火山噴出物からなる地層や砂礫が堆積した扇状地で染み込んだ流水が戦場ヶ原の下を地下水となって流れてきたのだ。確認できる文献に乏しいが、戦場ヶ原は地表を流れる湯川と地下水の流れからなる、いわば2階建て構造をしていると考えられる。

御沢金剛峡

地獄川

第4部 秋の天気

台風がつくる奥日光の自然

　9月は台風のシーズンだ。台風が直撃したときの影響はもちろん甚大だが、台風の中心が関東地方から遠く離れていても大きな影響を受けることがある。台風が東海地方の南から四国付近にあるとき、台風の周りを吹く南東からの湿った暖かい風が関東平野に流れ込む。このようなとき奥日光では大雨が降りやすくなる。湿った暖かい風が日光連山に当たって上昇気流となり、次々と積乱雲を発達させるからだ（図49）。台風の動きが遅いと、大雨が続く。

　戦後間もない時期に関東地方に大きな被害をもたらした台風に、カスリーン台風、キティ台風がある（図50）。なかでも1949年のキティ台風による大雨は、男体山から土石流を発生させ、そ れまで水を湛えていた赤沼を埋めて、今のような姿にしてしまった。

　赤沼が埋まった経緯は人の目で観察されているが、戦場ヶ原を取り巻くなだらかな地形は、男体山の噴火によって戦場ヶ原に湖沼群が形成された後の1万年もの間、台風による大雨がもたらした土石流が繰り返し堆積したところだ。

　国土地理院の25000分の一地形図を広げてみよう。白根山や太郎山、男体山などの山岳は等高線が混んだ険しい地形をしているが、戦場ヶ原、小田代原を中心に奥日光の中央部は平らな地形をしている。そして山岳の山麓から戦場ヶ原、小田代原にかけては、傾斜の緩い地形が大きく広がっている。光徳から三本松にかけての男体山山麓、

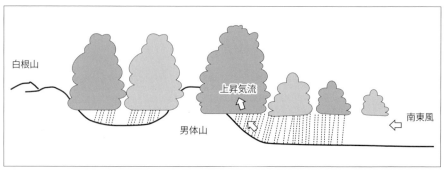

図49　湿った南東風が続くと奥日光は大雨になる

前白根山の斜面に刻まれた沢も出口に向かって浅く広く広がっている。外山沢や柳沢の流域から千手ケ浜にかけても平らな地形が広がっている。これらの緩傾斜地帯は、大雨のたびに上流から流れ下った土砂が堆積したところだ。湯元の平らな地形も白根沢から流れ出た土砂の堆積地だ（今では白根沢には砂防工事、治山工事が施されているのでご心配なく）。

　筆者は日光湯元ビジターセンターの建設工事に関わったが、ビジターセンターの建物の設計に当たって地盤のボーリング調査が行われた。その結果、深さ10m以下まで不安定な土砂が堆積していることが分かり、堆積土砂の下にある固い岩盤までコンクリート杭が何十本も打ち込まれた。ビジターセンターの建物は、この杭を通じて地下の岩盤の上に建っている。余談だが、このときの杭打ちのマシンは巨大だったのでいろは坂を通ることができず、群馬県側から金精峠を越えて運ばれてきた。杭打ち工事は12月に入り、金精峠が閉鎖される前に完了しマシンが無事戻れるかどうか気をもんだが、何とか道路閉鎖前に完了した。

　こうして繰り返し土砂が堆積し、平らになったところでは、水分の多い砂質の土壌を好むズミやハルニレ、シウリザクラ、カラマツなどの樹林が発達し、奥日光を特徴づける森林を形成している。写真は、奥日光の三本松付近の航空写真だが、平らな湿原の中に弧状に森林が伸びていることが分かる。

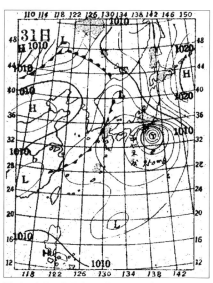
図50　キティ台風（1949年8月31日）

三本松付近の航空写真（YAHOO!地図）

地上から見ても分からないが、上空から見ると細長く土砂が堆積したところに樹木が生えていることが明らかだ。泥炭からなる湿原土壌の上では樹木は育たないが、土砂が堆積したところでは大きく育つ。ここでも育っている樹木はカラマツやズミだ。

キティ台風以降、奥日光の地形を変えるほどの大雨を降らせた台風は来ていないが、はたしてキティ台風はどれほどの大雨を降らせたのだろうか。気象庁のホームページで調べると、台風が神奈川県小田原市付近に上陸した8月31日に奥日光では454.5mm、翌9月1日に185.9mm、合計640.4mmの雨が観測されている。最大時間雨量は56.1mmだ。意外なことに、いずれも特別に多いものではない。この程度の雨は、今でも数年に一度は降っている。

赤沼を埋めるほどの土砂が流れてきたのは、降雨量もさることながら、当時は治山工事もされていなかったことによると思われる。キティ台風は関東地方を中心に死者135名を出す大きな災害を発生させたが、戦後間もない当時は治山治水が行き届いていなかったことが大きな災害を発生させた要因と考えられる。

三本松付近の戦場ヶ原

小田代原に流れ込む土砂

幻の湖、小田代湖

　小田代原は戦場ヶ原の西に位置する面積約45haの草原で、湿原が乾燥して草原に移り変わる過程にあるといわれている。標高は1405mから1430mで、真ん中が凹んだ皿型の盆地をなしている。アヤメやヤマオダマキ、ホザキシモツケなど様々な花が咲き、なかでも草原の中央部をピンクに染めるノアザミの群落が有名だ。また、草原の北縁に立つシラカンバは貴婦人と名付けられ、このシラカンバを撮影するために多くのカメラマンが訪れる。日光国立公園の特別保護地区であり、2005年にはラムサール条約登録湿地にも指定されている。

　この小田代原は、何年かに一度、大雨の後に湖に姿を変え、いつしか小田代湖と呼ばれるようになった。奥日光には、常時水を湛えている湖沼としては、中禅寺湖、湯ノ湖、西ノ湖、切込刈込湖、蓼ノ湖、群馬県側には丸沼、菅沼があり、白根山には山上の湖、五色沼がある。また、涸沼のように凹地状の地形であるが水を湛えることはない場所がいくつかある。そんな中で、小田代原だけが普段は草原の姿をしているが時折水を湛えることがあり、湖が出現したときの注目度が高い。

　小田代原では、降った雨は通常は地下に浸み込んで地表に溜まることはない。山王峠の西に位置する涸沼と同様だ。しかし、短期間に多量の雨が降ったときには、集水域に浸み込んだ雨水は小田代原に湧き出して湖となる。

　最近では、1998年、2007年、2011年、2013年のいずれも9月から10月に

小田代湖（2011年9月6日）

かけて小田代湖が出現した。溜まった水は少しずつ浸み込んで普通は11月頃には消失してしまうが、1998年と2011年は特に水位が高かったため冬が訪れるまで水は引かず全面結氷した。氷結した小田代湖はなかなか見ることができないものだ。

それでは、どれくらいの雨が降れば小田代湖ができるのだろうか。図51のグラフは1990年から2014年までの8月と9月の降水量を散布図にしたものだ。大きな黒丸で示したところは小田代湖が出現した年だ。小田代湖が出現した年は9月の降水量がほぼ600mmを超えていることが分かる。奥日光の9月の合計降水量の平年値は363mmなので、倍近い降水量だ。

次に小田代湖ができた年の9月の日ごとの降水量を見てみよう。小田代湖ができた年はいずれも9月の短い日数のうちに多量の雨が降っていることが分かる。1998年は9月15、16、21日の3日間で523mm（図52）、2007年は9月5日から7日の3日間で557mm（図53）、2011年は9月1日から5日の5日間で849mm（図54）降っている。2013年は9月15、16日で334mm（図55）と少ないが、少し間が空くものの9月1日から8日にかけて206mm降っており、合わせると540mmと他の年と同様に500mmを超える。

以上のことから、小田代湖ができる条件は、9月の1か月間降水量が600mmを超え、そのうちの500mm以上が短い日数のうちに集中して降るということのようだ。

2011年9月の5日間で849mmもの大量の雨を降らせた原因は何であったか。

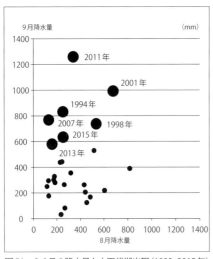

図51　8、9月の降水量と小田代湖出現（1990-2015年）

結氷した小田代湖（1998年）

図56は9月3日の天気図だ。台風12号が四国付近にあり、日本の東海上には大きな高気圧があって、東日本は間に挟まれて等圧線が南北に立っている。西高東低の冬型気圧配置とは逆で、東日本には南東の風が太平洋から吹き込む形となっている。暖かく湿った南東の風は、関東北部の山地に当たって強い上昇気流となり積乱雲を発達させる。日光で大雨が降るパターンだ。

台風12号は、9月3日に高知県東部に上陸したが、大変動きが遅かったため、西日本から東日本の広い範囲で記録的な大雨になった。奥日光に降った849mmの雨は、年平均降水量の2176mmの約40％に当たる。あまりにも水位が高くなった小田代湖はそのまま冬を迎え全面結氷し、水が引いたのは解氷後の4月になってからとなった。

さて、2015年9月9日から10日にかけての大雨と大きな災害は記憶に新しいところだ。特に、鬼怒川流域で総雨量600mmを超える大雨が降り、日光市内の各所で鉄道や道路が寸断したり家屋が流されるなどの大きな被害が発生した他、下流の茨城県常総市では大

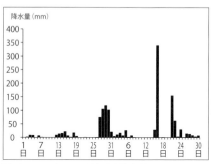

図52　1998年8・9月奥日光降水量

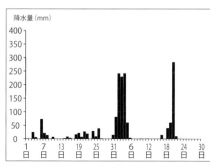

図54　2011年8・9月奥日光降水量

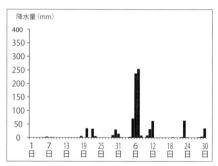

図53　2007年8・9月奥日光降水量

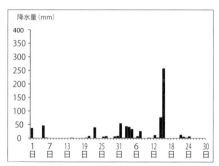

図55　2013年8・9月奥日光降水量

規模な水害が発生した。このときの奥日光の降水量は、9月6日から10日までの5日間で521mmに達した。降水量から考えると小田代湖ができてもよさそうだが、このときは小さな池が出現しただけで終わった。

その理由は、小田代原の集水域が豪雨が降った分布域から少し外れていたことによると思われる。9月9日から10日にかけて最も時間降水量が多かった

のは9日の16時から17時の間の43.0mmであったが、図57に16時と17時の高解像度降水ナウキャストの画像を示した。この画像を見ると、特に強い降水域は鹿沼市から鬼怒川温泉、さらに北へ鬼怒川流域にかけて広がっていることが分かる。まさに大きな被害が発生した地域と重なっている。奥日光では、観測地がある中宮祠には強い降水域がかかっているが、小田代原に水が集まるエリアではさほどではない。このときの大雨は、南北に繋がる幅の狭い線状降水帯が長時間停滞したことによるもので、少しの距離の違いが降水量の大きな違いになったようだ。小田代原周辺では、小田代湖ができるほどには雨が降らなかったと考えられる。奥日光全体でも大きな災害は発生しなかったことは幸いであった。なお、この大雨で被災した方々には心からお見舞いを申し上げる。

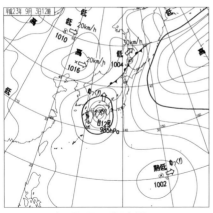

図56　2011年9月3日12時天気図

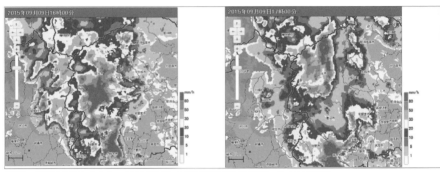

図57　高解像度降水ナウキャスト画像（左：2015年9月9日16時、右：同17時）

戦場ヶ原にできる幻の湖、冷気湖

　山々の紅葉が始まる頃、毎年のように戦場ヶ原三本松での初氷観測がテレビや新聞で報道され、冬の訪れを知らせる定番ニュースとなっている。

　2011年、三本松では、9月28日に初霜と初氷を同時に観測した。この日の三本松の朝の最低気温はマイナス3℃であった。中宮祠の気象庁の観測所では、この日の最低気温は4.2℃で、7.2℃もの差があった。中宮祠でこの年初めて氷点下を記録したのは10月27日、湯元の自然公園財団の記録では10月29日となっている。三本松の冷え込みは、奥日光の中でも突出して早くなっている。

　湯元、三本松、中宮祠の2011年9、10月の平均最低気温と最高気温及び9月28日の最低気温と最高気温を棒グラフにしてみた（図58、59）。三本松のデータは日光湯元ビジターセンターの自然情報誌「楓通信第100号（2012年7月31日発行）」の作成時に三本松茶屋の鶴巻正男さんからご提供いただいた。

　最低気温は9・10月を通じて三本松が低い傾向にあるが、9月28日は特に低くなっている。逆に、最高気温は三本松が一番高くなっている。

　1日のうちの最高気温と最低気温の差のことを気温の日格差（にちかくさ）という。グラフを見ると、三本松では朝の冷え込み

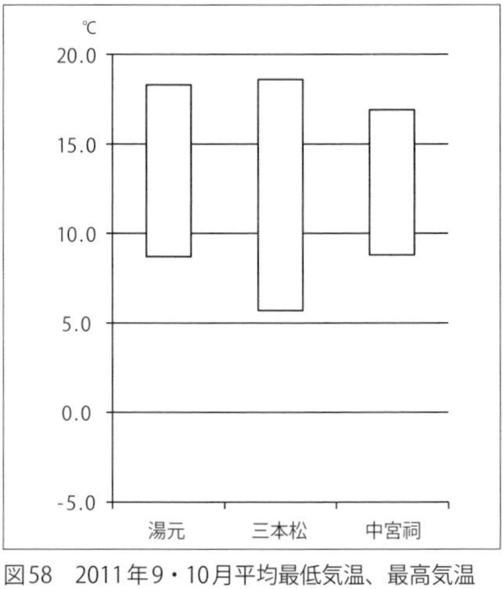

図58　2011年9・10月平均最低気温、最高気温

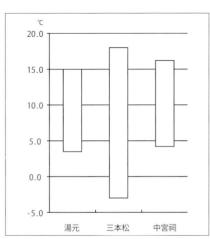

図59　2011年9月28日の最低気温、最高気温

はきついが、日中は暖かくなり、気温の日格差が大きいことが分かる。よく晴れた日の夜は、地上から熱がどんどん逃げて冷え込む。宇宙空間に向かって赤外線が放射されるからだ。これを放射冷却という。日中は逆に、地上が太陽からの放射を受けて暖められ気温は上がる。湯元や中宮祠でも晴れた日の夜間は放射冷却が起こるが、これと比べて三本松の日格差が大きいのはどうしてだろうか？

　三本松が位置する戦場ヶ原は、東に男体山（2486m）、西に白根山（2578m）、北に温泉岳（2333m）や太郎山（2367.7m）、南は少し低いが高山（1667.7m）に囲まれ、盆地状になっている。このような盆地状の地形では、夜間の放射冷却で冷やされた周囲の山々の斜面の空気が盆地の底に溜まっていく。冷たい空気は密度が高く重いからだ。冷たい空気はどんどん溜まっていき、盆地には冷たい空気がまるで湖の水のように溜まる。これを冷気湖という。戦場ヶ原は冷気湖ができやすい地形なのだ。日中は日射により地表が暖められ、冷気湖は消滅する。

　約2万年前「古戦場ヶ原湖」に溜まった水が竜頭滝付近から溢れ出たように、「戦場ヶ原冷気湖」に溜まった冷気は、竜頭滝の上を溢れ出ていく。水が流れる本当の滝の上に、もう一つ見えない冷気の滝があるわけだ（図60）。

　奥日光で木々の葉が一番早く色付くのは竜頭滝付近だ。白根山の山腹の紅葉が次第に高度を下げ、まだ湯元温泉にまで達していない頃、早くも竜頭滝では紅葉が始まり、これもまた報道の定番となっている。竜頭滝から赤沼まで上がる道路の両側のミズナラ林の黄葉も早い。これら竜頭滝付近で紅葉が早いのは、戦場ヶ原の冷気湖から流れ出る冷気の流れによるものと思われる。

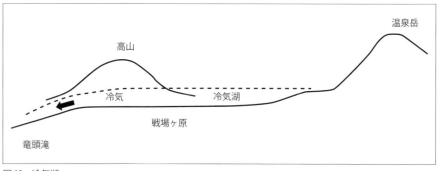

図60　冷気湖

図61は戦場ヶ原三本松と気象庁の中宮祠のアメダスで記録された2014年2月から2015年1月までの1年間の気温の変化グラフを重ね合わせたものだ。1年を通じて、最高気温は三本松と中宮祠はほぼ同じであるが、最低気温は三本松が低くなっている。1年を通じて戦場ヶ原には冷気湖ができていることが分かる。

竜頭滝

竜頭滝・赤沼間のミズナラ林

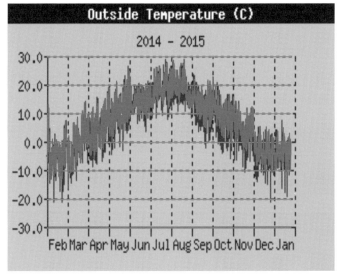

図61　三本松と中宮祠の1年間の気温変化（黒線が三本松、灰色線は重ね合わせた中宮祠の気温）

奥日光の紅葉は戦場ヶ原から始まる

奥日光は紅葉の名所として知られている。日光国立公園の核心部であり、落葉広葉樹で構成される豊かな自然林が残されていることがまず第一の要因だ。黄色く色づくミズナラやブナを基調に、赤く色づくカエデ類の種類が豊富だ。湖水や滝がまた紅葉を一段と引き立てる。

次に、奥日光の秋の冷え込みが関東地方の中ではいち早くやってくることも大きな要因だろう。春に桜の開花を待ちかねるのと同じように、日本では秋の紅葉のニュースを待つ人は多い。関東地方で一番早くやってくる紅葉は注目を浴びる。

紅葉は、朝の最低気温が8℃程度まで下がるようになると始まると言われている。当然、紅葉前線は北から南へ、山の高いところから低いところへと下がってくる。しかし、奥日光で一番早く紅葉が始まるのは戦場ヶ原や小田代原だ。その理由は、「戦場ヶ原にできる幻の湖、冷気湖」の項で触れたように、戦場ヶ原の盆地に冷気が溜まるからだ。よく晴れて冷え込んだ朝、戦場ヶ原は湯元温泉よりも気温が低くなり、紅葉が始まる。ただし、戦場ヶ原や小田代原の紅葉はスゲ類などの草本が色づく草紅葉だ。

草紅葉に少し遅れ、木々の葉が最初に色づくのは、竜頭滝だ。戦場ヶ原で冷えて重くなった空気は戦場ヶ原の盆地から溢れ出し、竜頭滝の上を流れ落ちていく。このため、竜頭滝付近では、樹木の紅葉としては奥日光ではいち早く、9月下旬に始まる。より標高の高

竜頭滝の紅葉

い湯元温泉よりも早く紅葉が始まるのだ。同じ理由で、竜頭滝と赤沼の間に広がるミズナラ林も黄葉が早い。山の上から降りてくる紅葉の本隊はこれから少し遅れてやってくる。10月上旬になって金精峠付近のダケカンバが黄色く色づく。上中旬には湯元温泉でピークを迎える。

さて、奥日光で最低気温が8℃まで下がるのはいつ頃か、奥日光（中宮祠）の平年値を調べると、10月3日に最低気温が初めて8℃以下となり、7.9℃となっている。紅葉が進むのはこれより数日後であるので、奥日光の紅葉開始は10月10日頃となる。さらに紅葉が見頃から最盛期を迎えるのは、最低気温が5℃程度に下がる頃と言われているが、奥日光の平年値では10月16日に5.0℃となる。日光湯元ビジターセンターのホームページに掲載されている「紅葉カレンダー」によると、湯ノ湖

の紅葉の見頃は10月上旬から中旬、中禅寺湖では10月中旬から下旬となっており、気象データとよく一致している。

紅葉が美しい奥日光であるが、年によってばらつきもある。紅葉の赤い色素であるアントシアニンは配糖体といって分子構造に糖を含む。日中の好天が続き光合成がさかんに行われると葉には糖類が多くなってアントシアニンが増え、美しい紅葉となる。夏から秋にかけて長雨により日照が不足すると木々は美しく染まらない。

また、低気圧が東に去って寒気が入り、よく晴れた無風の朝は、美しく紅葉するには過度の冷え込みとなることがある。一気に氷点下まで下がることもあり、このようなときは紅葉することなく多くの木々の葉が茶色くなってしまう。穏やかな冷え込みが続くことが美しい紅葉の条件だ。

◎：見頃　○：ピーク過ぎ

場所	9月			10月			11月		
	上旬	中旬	下旬	上旬	中旬	下旬	上旬	中旬	下旬
いろは坂						◎	◎	○	
中禅寺湖					◎	◎	○		
竜頭の滝				◎	◎	○			
戦場ヶ原			◎	◎	○				
小田代原			◎	◎	○				
湯ノ湖				◎	◎	○			
切込湖・刈込湖				◎	◎	○			

図62　紅葉カレンダー（日光湯元ビジターセンターホームページ）

第5部 冬の天気

奥日光で初めて雪が積もる日はいつ頃か

　紅葉も終わりに近づいてくると、雪の便りが気になってくる。ハイキングや山歩きを計画する際、服装や装備を雪対応にするかどうかは重要な検討事項だ。スノーシューで奥日光のパウダースノーの野山を歩く人にとっては、待ち遠しい雪の便りだ。

　奥日光ではいつ頃から雪が積もるようになるのだろうか。気象庁のデータを調べてみた。中宮祠の観測データを過去50年間分調べ、0cmであっても、初めて積雪を観測した月日をグラフにしたのが図63だ。

　このグラフを見ると、1990年頃を境に初積雪日が急に遅くなっている。20世紀の期間は全体を通じて、10月下旬に初めての積雪を観測している。12月まで遅れた年は一度もない。ところが、21世紀に入るとこれが激変している。平均して11月下旬になり、12月にならないと初積雪が観測されない年も多くなっている。これはやはり温暖化の影響だろうか。

　実は、気象庁の記録は、1997年2月までは0cmであっても積雪が記録されているのに対し、1997年3月以降は0cmの記録がなくなっていることがその原因だ。

　なぜ0cmが記録されなくなったのか、その理由は1997年3月1日から日光測候所が無人化され、日光特別地域気象観測所（アメダス観測所）となったからだ。この日を境に、積雪の観測は超音波やレーザー光を使って機械的に自動で行うようになったのだ。測候所に気象庁の職員がいた時代、初積雪は目視

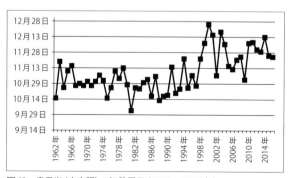

図63　奥日光（中宮祠）の初積雪日（1962〜2014年）

で観測していたはずだ。測候所の露場の芝生がうっすらと白くなったら、積雪0cmとして記録されたことだろう。ところが、機械では測定最小単位の1cm以上の雪が積もらないと記録されない。「うっすら」は認識されないのだ。

そこで、1cm以上の初積雪日を調べなおし、図64に表してみると、自然な変化を示すグラフとなった。これを見ると、年を経るごとに若干遅くなっている傾向はあるものの、温暖化による顕著な影響はないようだ。

アメダス気象観測にはいろいろ問題もあるようだ。2013年8月12日、高知県四万十市の江川崎のアメダスで41.0℃の国内最高気温の記録を更新した。しかし、このアメダス観測所に近接した土地では最近アスファルト舗装がされ観測条件が大きく変化したことが指摘されている。炎天下ではアスファルト舗装面は極めて高温になる。そこで熱せられた空気が観測所に流れてくる可能性があるのだ。気温測定装置につる草が絡み付いて測定温度を高くしたという例もある。

観測態勢の省力化、合理化は重要なことと思うが、機械任せにしていては真実を見誤ることがあるのだろう。

さて改めて図64を見ると、中宮祠で初めて雪が積もるのは11月中旬から12月上旬にかけてと考えてよいようだ。湯元はデータがないが、もう少し早い。奥日光によく行く人は、11月中旬にはスタッドレスタイヤに交換しておいた方が安心だ。

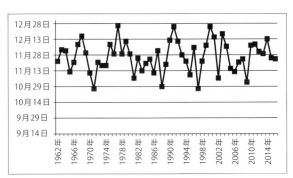

図64　奥日光(中宮祠)の初積雪日(1cm以上、1962～2014年)

湯元はなぜ雪が多い？

冬、宇都宮から見る日光連山は雪化粧して真っ白に見える。山々は深い雪に覆われているように見える。しかし、日光宇都宮道路を車で走っていくと、間近に迫ってくる女峰山は山頂近くこそ真っ白だが中腹より下は雪がない部分もあってまだらに見えることが多い。日光市街地は通常は積雪はない。いろは坂を登っていくと次第に山の斜面は白い部分が増え、中宮祠から戦場ヶ原にかけて一面真っ白になる。しかし雪国というほどには雪の量はない。ところが、さらに車を走らせていくと、光徳牧場への道が分岐するあたりから急に積雪量が増えてくる。湯ノ湖畔を通り湯元温泉まで来ると、雪の量が全く違う。戦場ヶ原までは晴れていても、湯元まで来ると雪が降っていることが多い。湯元は雪国といってもよい。どうして雪の降り方や積雪量が急に変わるのだろうか。

西高東低の冬型気圧配置になると、大陸から北西の季節風が吹いてくる。この季節風は、初めは大変寒冷で乾燥している。しかし、暖流が流れる日本海の上を吹き渡ってくるうちに海面から水蒸気の供給を受け、日本列島に到達する頃には高さ3000から4000mくらいまでが湿潤な空気の層になってしまう。この湿潤な層の中では、空気が下から海面により暖められて不安定な状態となり、上昇気流が発生して雲ができる。図65はこれを模式的に表したものだ。この雲は季節風の流れに沿って列を作る。テレビの天気予報でよく言われる「筋状の雲」だ。

宇都宮から見る日光連山

この筋状の雲が直接大雪を降らせることはあまりない。湿潤層の上には気温の逆転層があるため、雲はそれを突き抜けて発達することはないからだ。夏の入道雲のような背の高い雲（10000m以上）にはならない（日本海に寒冷な低気圧が進入してきたときなどは雲が発達する）。図66は2015年1月3日午前9時の石川県輪島における気温と露点温度の鉛直分布だ。高度約2800m以下では気温と露点温度の線が重なっており、湿潤な気層となっている。2800mから3000mにかけては高度が上がるにつれて気温が高くなっており、気温の逆転層が形成されていることが分かる。逆転層より上空では、気温と露点温度の線が大きく離れており空気は乾燥している。

なお、この逆転層の成因は何かというと、酷寒のシベリアでできたものだ。シベリアでは、放射冷却のために地表面が最も気温が低くなる。上空は地表よりも気温が高くなり気温の逆転層ができる。この気温の逆転した構造がそのまま東に移動してくるのだが、季節風が日本海の上を吹き渡ってくるうち

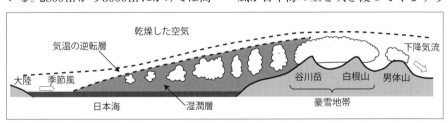

図65　雪雲ができる仕組み

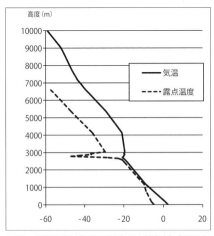

図66　気温と露点温度の鉛直分布（輪島）（2015年1月3日9時）

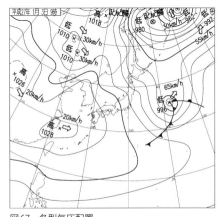

図67　冬型気圧配置

に湿潤層が厚みを増してくるため、逆転層の高度が高くなる。

　筋状の雲はやがて日本列島に到達するが、背があまり高くないので列島を南北に走る山脈を越えることができない。川の流れに横たわる倒木の上流側に落ち葉が溜まるように、どんどん溜まっていく。そして雲の粒が濃密になり、大量の雪を降らせる。この滞留した雪雲の下が豪雪地帯になるのだ。

　北西季節風は山脈の風下側まで来ると下降気流となる。空気は下降すると気圧が高くなり、気温が上昇して雲の粒は蒸発して水蒸気になり、雲は消える。雪雲はまさに雲散霧消して空気が乾燥し、関東平野では空っ風が吹く。

　本州中部では、新潟、福島、群馬、栃木の県境にかけて、大きな雲雲の滞留ができて豪雪地帯となる。湯元はちょうどこの豪雪地帯の東の端に当たるため、雪が降る日が多い。毎日のように雪が降る。そして積雪量も多く、雪国の様相を呈する。図67は図66で気温と露点温度の鉛直分布を示した日と同じ2015年1月3日の地上天気図で、弱い冬型気圧配置であるが、図68で表わされているように、弱い冬型気圧配置であっても湯元付近は雪雲に覆われていることが分かる。

　戦場ヶ原や中宮祠まで来ると、山脈の風下側になるため、雪の量は格段に少なくなる。しかし季節風の風向によっては大雪になることがある。このことについては「冬型気圧配置で奥日光に雪が降るとき」で触れる。

　なお、湯元まで来る雪雲は、上越地方に湿った大量の雪を降らせた後なので、水分が少なく、また湯元は標高が高く気温が低いので、湯元に積もる雪はパウダースノーとなる。

　このような北海道と同質の雪は関東近県の他のスキー場では味わえない魅

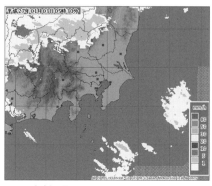

図68　解析雨量

雪の日光湯元ビジターセンター

力であり、1932年馬返・明智平間のケーブルカーが開通した際、東武鉄道が地元に働きかけ湯元スキー場が開設された。それまで冬季には山を降りていた旅館の人々も湯元に留まりスキー客を迎える準備をしたところ、各旅館とも満員となる盛況であったという。なお、当時のスキー場にはリフトはなかったようで、1956年にリフトが設置された。

近年、各地に大規模なスキー場ができたこと、若者を中心にスキー人口そのものが減少したことにより、湯元スキー場はかつてのような混雑はないが、小さな子供連れのファミリー向けスキー場として人気がある。

また最近では、さらさらのパウダースノーが格好のフィールドを提供してくれるため、スノーシューが盛んだ。

通常、中宮祠で雪がたくさん積もるのは、本州の南を発達した低気圧が通るときだ。このようなときは宇都宮など平野部でも雪が積もることが多い。

1984年は大変な寒冬であったうえに低気圧が頻繁に通ったため、中宮祠の気象庁観測所で、3月21日に、125cmの最深積雪を記録した。この年は、東京でも積雪のため首都高が何度も閉鎖された。日光でシカの大量餓死が発生したのもこの年だった。

また、経験を積んだ登山者に限られるが、湯元を起点にした白根山登山は本格的な冬山の世界を提供してくれる。ルートは湯元スキー場の最上部から夏道どおりに外山尾根コースを登る。前白根山を経ていったん五色避難小屋に下り奥白根山頂を目指す。厳冬期は腰までの雪の中を登るため日帰りは困難で、避難小屋に1泊することになる。春先になると雪も締まるので日帰りも不可能ではない。晴れた日の山頂から見渡す白銀の山々の展望は絶景だ。

五色避難小屋

冬型気圧配置で奥日光に雪が降るとき

　西高東低の冬型気圧配置が強まると、日本海側の各地は大雪となる。一方太平洋側では晴天となる。日本海から北西季節風に乗って押し寄せてくる雪雲は、本州の上に背骨のように連なる山脈を越えることができないからだ。栃木・福島、群馬・新潟の県境の山々がこの山脈に当たる。冬型気圧配置のとき、これら県境の山岳は猛吹雪に包まれるが、県境から遠ざかり関東平野に近づくにつれ、雪の降り方は弱くなり、晴れ間が多くなる。

　日光の山々では、温泉ヶ岳から白根山、錫ヶ岳にかけての県境稜線は冬型気圧配置のときには必ず雪雲に覆われる。白根山麓の湯元温泉もほぼ確実に雪が降る。県境から少し離れたところに位置する太郎山や男体山、戦場ヶ原になると、雪の降り方は格段に弱くなる。中禅寺湖畔の中宮祠まで来ると、風花が舞う程度となり、ほとんど積もることはない。女峰山は県境から大きく離れているが、奥鬼怒方面から雪雲が流れてくるため降雪頻度は高くなる。概括するとこのようになるが、戦場ヶ原や中禅寺湖を含む奥日光一帯は気圧配置の微妙な違いによって、雪が降らなかったり、まとまって降ったりする。

　一冬に何度か奥日光で広く、かなりの積雪になることがある。どのようなときにそうなるのだろうか。2015年2月14日から15日にかけて、奥日光の観測所では25cmの積雪を記録した。湯元では15日朝までに約50cmの新雪が積もった。このときの地上天気図が図69だ。これと比較するため、2014年

2015年2月15日朝の雪の日光湯元ビジターセンター

第5部　冬の天気　83

12月22日の天気図を図70に示す。この日の降雪量はゼロであった。

どちらもよく似た天気図で、冬型としての強さはどちらも同じくらいだ。しかし、2014年12月22日は奥日光では雪が積もらなかった。似たような天気図のもとで、どうして一方では25cmの雪が積もり、一方では全く雪が降らなかったのだろうか。

高層天気図を見てみよう。図71と図72は、それぞれ2015年2月14日と2014年12月22日の700hPa面の天気図だ。高度およそ3000mの大気の状態を表している。

地上天気図は両日ともほぼ同じような形をしているのに対し、700hPa面天気図はかなり違う形をしている。大きく違うのは低気圧の位置だ。2015年2月14日は北海道の東にあるのに対し、2014年12月22日はサハリン付近にある。これに伴い、前者では等高度線は日本付近を北西から南東に一様に横切っているのに対し、後者では日本付近で大きく南側にたるんでいる。上空の風は等高度線に平行に吹くので、前者では雪雲を伴う北西の風が日本海から太平洋に向けて一気に吹き抜けるかっこうになっており、後者では本州中部で風向は西から西南西になって大きく迂回している。なお、輪島の気温は前者がマイナス18.1℃、後者はマイナス16.3℃で大きな差はない。

次にウインドプロファイラを見てみよう。ウインドプロファイラとは、上空の風向・風速、上昇・下降流を時系列に並べたものだ（「ウインドプロファイラの活用」の項参照）。矢印は風向、矢印の長さは風速を表している。青い

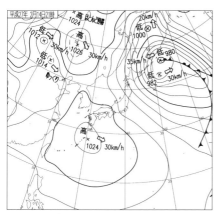

図69　2015年2月14日21時

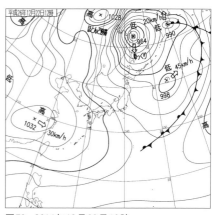

図70　2014年12月22日12時

着色部分は下降流、黄色は上昇流を表している。青色の部分は降水粒子、すなわち雪粒が落下していると読み取ってよい（口絵参照）。

図73、図74とも4000mないし5000mの高度より下で雪が降っていることを示している。一見似たパターンであるが、大きな違いは高度1500mから3000mの層の風向だ。奥日光にまとまった降雪があった2015年2月14日は、この高度の風向は北西から西北西となっているのに対し、2014年12月22日はほぼ西風となっている。700hPaの天気図から読み取れる風向と一致している。

図75、図76は、気象庁の解析雨量の図だ。2015年2月14日は降水域が栃木県に大きく広がっていることが分かる。降水域の濃淡模様も北西から南東

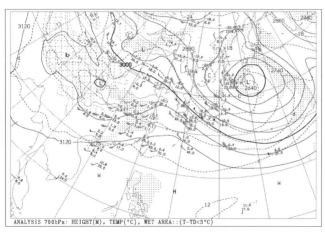

図71　2015年2月14日21時

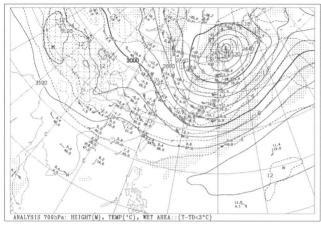

図72　2014年12月22日9時

に流れている。2014年12月22日は、降水域は栃木・福島の県境付近に留まっており、降水域の濃淡も西から東に流れている。

このように、上空の風向が西のとき奥日光ではほとんど雪が降らないが、北西または西北西のときはかなりの量の雪が降る。なぜそうなるのだろうか。それは日本列島の地形が原因している。図77は奥日光と日本海、他の山岳地帯との関係が分かるグーグルマップだ。

西風のとき、日本海から渡ってきた雪雲を乗せた風は石川県から上陸し、北アルプスや妙高山、苗場山など2000mから3000m級の山岳地帯に雪を降らせ、奥日光にたどり着く頃にはほとんど雪雲は消失してしまう。一方、北西風のときは日本海から上陸し奥日光までに吹いてくる距離が短く、途中の山も谷川岳や武尊山があるものの高さは2000mそこそことあまり高くない。このため、北西または西北西風のときは

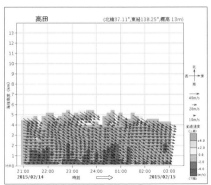

図73　2015年2月14日

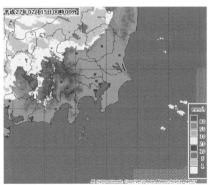

図75　2015年2月14日

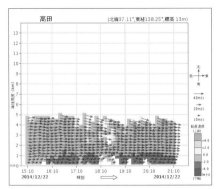

図74　2014年12月22日

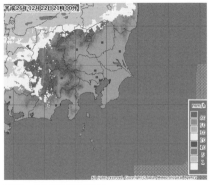

図76　2014年12月22日

雪雲が奥日光や時には日光市街地にまで広がって降雪をもたらす。

一冬の中で、西風パターンと北西風パターンのどちらが多いかというと、圧倒的に西風パターンの方が多い。戦場ヶ原付近では、通常は冬型気圧配置のときでも風は強いものの日差しもあり行動することは可能であるが、北西風パターンのときは視界がきかない猛吹雪になるので注意が必要だ。問題はこれをどうやって予想するかであるが、これについては「冬の奥日光の天気の注意点」で説明する。

このように奥日光では冬型気圧配置下での風向によって雪の降り方が違ってくるが、同様のことが起こっている場所は他にもある。

滋賀・岐阜県境の関ケ原では、しばしば積雪により新幹線の運行が影響される。この地域で北西風となった場合、関ケ原と日本海の距離は僅か60km程度となる。日本海から流れてきた雪雲は福井・滋賀県境の標高1000mに満たない低い山々を容易に越え、琵琶湖北部を通って関ケ原付近に達し大雪を降らせる。雪雲はさらに、滋賀・岐阜県境の伊吹山と鈴鹿山脈の間に空いた切れ目を抜けて南東方向へと流れる。冬型気圧配置が強いときは風下の名古屋にも大雪を降らせることがある。

東北地方では山脈が南北方向に走っているため、西風のときに雪雲が山脈の隙を抜けて太平洋側の仙台などに雪を降らせる。

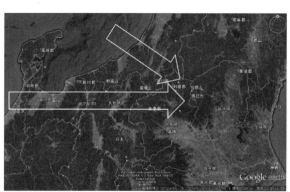

図77　奥日光と日本海・山岳との位置関係（Google Earth）

南岸低気圧による大雪

　2014年2月8日と15日、関東地方は2週続けて大雪に見舞われた。2度とも低気圧が発達しながら本州の南岸に沿って進み、関東地方などに大雪を降らせる南岸低気圧のパターンだ。東京では2月8日、15日とも27cmと同じ積雪であったが、内陸部の前橋ではそれぞれ33cmと73cm、宇都宮では14cmと32cm、甲府では43cmと15日は何と114cmを記録。15日は関東甲信の内陸部で未曽有の大雪となった。

　奥日光はというと、8日は32cm、15日は83cmの積雪を記録している。しかし15日の83cmというのは正確な数値ではない。実はこの日、奥日光のアメダスの積雪計は故障していた。その

ため15日の午前6時から午後4時までの11回の観測時刻に、積雪量の観測値は欠測した。1984年3月21日の125cmという記録を更新していたかもしれない肝心なときに故障したということだ。筆者の感覚では130cmは超えていた。

　2度の大雪のときの天気図を見てみよう（図78、79）。非常によく似た天気図だが、よく見ると南岸低気圧の位置が少し違う。15日の方が低気圧は陸地に近いところを通っている。低気圧が伊豆大島より北を通ると関東地方は雪ではなく雨になるといわれており、前夜から降り続いた雪は15日早朝には平野部では雨に変わった。しかし、内陸

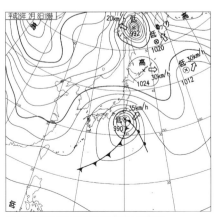

図78　2014年2月8日18時地上天気図

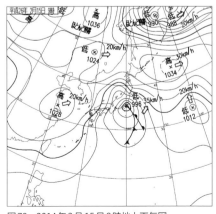

図79　2014年2月15日9時地上天気図

部では寒気が滞留し雪が降り続いた。

　図80は2月15日の関東各地の最深積雪の分布だ。山梨、埼玉、群馬、栃木の内陸部で多くなっているが、水戸市は前日に2cm積もったが15日朝はゼロで、茨城や千葉の沿岸部では積雪はなかった。図81は同日朝6時の気温の分布だ。この時間では、関東平野の大部分は0℃以上となっており、雨に変わっているが、甲府市や前橋市では氷点下で雪が降り続いている。この気温分布図を見ると、同じ関東地方でも随分気温の差があることが分かる。沿岸部は12℃を超える高温だが、南関東の埼玉、東京から東京湾にかけてのエリアは0℃から1℃の低温になっている。

　沿岸部の高温は低気圧に吹き込む暖かい風の影響、東京湾岸にかけての低温は内陸部に溜まった寒気の影響だ。

この寒気の塊は、高さ数百メートルのドーム状をしているため「寒気ドーム」と呼ばれ、南岸低気圧が接近してくるときなどによくできる。低気圧の中心が陸地に近づくと暖かい風が入り解消することが多いが、このときは勢力を保っていたため、山梨や群馬、埼玉では大変な大雪となった。

　さて、このときの日光の雪だが、日光市街地でも8日に降った雪が20cmほど残っているところに60cmの新雪が積もり、約80cmの積雪となった。除雪は幹線道路が優先されたため、一般の街路は除雪が遅れ市民生活に支障をきたした。奥日光では130cmほどの積雪となり、いろは坂が不通となった。通常の冬では考えられないことだが、いろは坂のいたるところで雪崩が発生した。

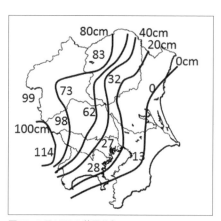

図80　2月15日の積雪分布

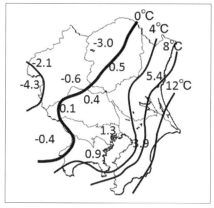

図81　2月15日6時の気温分布

大量の重い雪が積もったため、いろは坂の除雪はなかなか進まず、まず第2いろは坂（登り）が開通した。開通したといっても、とりあえず1車線の幅が確保され、上りと下りの交互通行となった。第1・第2とも全線開通したのは数日後となった。

このように南岸低気圧は時としてドカ雪をもたらすが、予想は比較的容易だ。注意しなければならないのは、平野部が雨であっても奥日光は標高が高く気温が低いので雪になるときだ。天気予報では山の上の天気まで予報しないので自分で判断しなければならない。こんなときに参考になるのが850hPa（高度約1500m）の気温予想図だ。ほぼ奥日光の標高に当たる高度だ。「極東850hPa気温・風、700hPa上昇流＋極東500hPa気温、700hPa湿数12・24時間予想図」（FXFE5782）というが、前日の朝には配信される。

2015年2月17日から18日にかけて南岸低気圧の通過が予想され（図82）、宇都宮は雨の予報が出された。奥日光では雪になるのかどうか、17日に配信された850hPaの気温予想図を見てみよう。

図83左は18日午前9時、右は18日午後9時の予想図で、黒い太線が0℃の等温線だ。午前9時では0℃の等温線が関東地方に接近しているものの内陸部は氷点下となることが分かる。この予想図から、奥日光は確実に雪になると判断できる。結果は、宇都宮の降雨量が16mm、奥日光の積雪量は17cmであった。

ところで、2016年11月24日、南岸低気圧によって関東地方の各地で記録的に早い降雪が観測された。東京では、うっすらとであるが積雪が観測され、気象庁の前身の東京気象台が1875年に観測を開始して以来初めての

道路脇に雪の山ができた日光市街地（2014年2月19日）

交互通行となった第2いろは坂（2014年2月18日）

11月の積雪となった。また、11月に初雪が観測されたのは、東京都心、横浜、甲府で1962年以来54年ぶりであった。宇都宮でも11月の初雪は1985年以来31年ぶりとなった。積雪は、奥日光で21cm、軽井沢23cm、熊谷6cm、宇都宮4cmとなった。この日午前9時の850hPaの気温は、茨城県つくば市でマイナス3.7℃と真冬なみの寒気が入っていた。

2014年2月の大雪や2016年11月の早い降雪など、普段あまり雪が降らない関東地方の平野部に記録破りの雪をもたらすのが南岸低気圧だ。

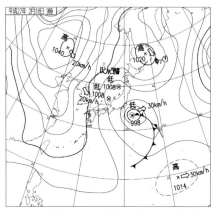

図82　2015年2月18日9時地上天気図

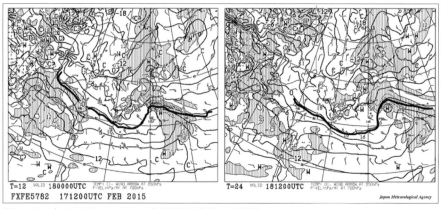

図83　2015年2月18日の850hPaの気温予想図（2月17日配信）

奥日光の雪崩

　奥日光は日本海側のような豪雪地帯ではないものの、過去には雪崩による山岳遭難が何度か発生している。代表的な遭難事例を調べてみた（下野新聞縮刷版参考）。登山はもちろん、スノーシューハイキングの際も雪崩には十分に注意しなければならない。

白根山五色沢の雪崩（1984年2月26日）
　この日、大雪が降る中を、宇都宮の山岳会10名のパーティーが湯元スキー場の第2リフト終点を午前9時半頃に出発した。白根沢から入る計画であったのが、間違って五色沢に入り、午後1時頃、幅15m、長さ300mの雪崩に巻き込まれた（図84）。全員が埋没、うち7名は自力で脱出したが、3名が亡くなった。1名は高校生で翌日掘り出されたが、残る2名が掘り出されたのは翌春の雪解け後となった。

　この日は、日本の南岸を低気圧が発達しながら通過し（図85）、平野部、山岳部とも大雪となった。中宮祠では28cmの新雪が積もり、積雪量は73cmに達した、宇都宮でも9cm積もった。

　このパーティーは間違って五色沢に入ったとのことであるが、計画でも白根沢に入るようになっていた。冬山では、雪崩を避けるため沢に入らないのが鉄則だ。湯元から登る冬山コースは、夏山と同じ外山尾根コースが通常だ。湯元スキー場の最上部から白根沢には入らず、手前の急な尾根を登る。

　なお、この年は記録的な寒冬で、宇都宮の2月の平均気温は、平年値が

図84　白根山五色沼の雪崩

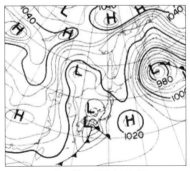

図85　1984年2月26日地上天気図

3.3℃のところマイナス0.7℃、冬の降雪量の合計は104cmに達した。

高山の雪崩（1997年1月26日）

中禅寺湖の北岸に位置する高山は、標高は1667mあるが登山口の竜頭滝の標高が1360mあるため標高差がさほどではなく、手軽に登れる山として人気がある。冬でも積雪は少なく、冬山登山というよりはハイキングといってもよい領域だ。

この日、埼玉県から来た10名のハイキンググループが午前9時45分頃竜頭滝駐車場を出発。登山道を600mほど入った高山の北斜面で、幅10m、長さ40mの雪崩に巻き込まれ、主婦1名が亡くなった（図86）。1月22日から当日まで西高東低の冬型気圧配置が続いていたが、この間に降った雪は中宮祠で15cm、遭難当日の積雪量は僅か13cmであった。とても雪崩が起きるような積雪量ではなかった。また、高山での雪崩はこれまで例がなかった。しかし、日が当たらない高山の北斜面には積雪が1m近くもあったのだろう。また、寒暖の繰り返しで積雪内部に滑りやすい層（弱層）ができていたと思われる。

日本雪氷学会によると、雪崩は発生の形（面発生・点発生）、雪崩層に水気を含むかどうか（乾雪・湿雪）、雪崩層の滑り面が積雪内部か地面かの違い（表層・全層）によって8タイプに分類される。春先に雨が降って気温が上昇したときに発生することが多い「面発生湿雪全層雪崩」は毎年沢沿いなどの一定の場所で発生するので比較的予知しやすい。白根沢などでは4月に頻繁に発生する。一通り雪崩れ落ちた後の5月上旬に沢に入ると沢底一面にデブリ（雪崩れた雪が堆積したところ）が見られる。一方、「面発生乾雪表層雪崩」

図86　高山の雪崩

金精峠の雪崩跡（雪解け後）

は積雪の浅い部分のさらさらの雪が崩れるタイプの雪崩で、低温で吹雪いているときなど、急斜面ではいつでもどこでも発生する。雪崩遭難はほとんどこのタイプによるもので、上の二つの事例とも乾雪表層雪崩であったと思われる。高山の事例が示すように、これまで雪崩がなかった場所だから安全だと考えない方がよいだろう。

雪崩を避けるためには、斜面に入る前、積雪が崩れやすいかどうかを確かめる「弱層テスト」を行うことが有効だが、この方法については、「冬の奥日光の天気の注意点」で紹介する。

近年、手軽に冬の自然に親しめる方法としてスノーシューによるハイキングの人気が高まっている。湯元には3本のコースが設定されており、自然公園財団など関係者が定期的にコースの安全パトロールを行っている。しかし、管理されているコースであっても標高が1500mを超える雪山だ。常に雪崩の危険性と隣り合わせであることを忘れてはならない。

2013年2月25日に発生した奥日光直下型地震の際は、スノーシューコース沿線のいたるところで雪崩が発生した。なかでも金精沢で発生した雪崩は、閉鎖中の金精道路のガードレールを突き破り、沢沿いのダケカンバ林を根こそぎ倒す大規模なものであった。それほどの雪国でもない栃木県でもこのような大規模な雪崩が発生するものかと認識を新たにさせるものであった。

ところでいろは坂にも雪崩危険箇所がある。第2いろは坂の第20カーブ（ねカーブ）から明智平手前にあるスノーシェッドの間だ（図87）。この付近の道路は山の北斜面を通っており日当たりが悪いため、雪がなかなか解けない。そのうえさらさらの雪が斜面の上部から風で飛ばされて落ちてきて幾重

図87　いろは坂の雪崩注意箇所

もの積雪の層を作り、局所的に積雪が深くなる。雪が多い年には雪崩が発生しやすい条件が揃う。白根山五色沢での雪崩発生の際、第2いろは坂で発生した雪崩のため救助隊が足止めされた。

しかし、常識を覆すような大雪が降った場合には、雪崩はどこでも起こり得る。2014年2月15日の大雪は、これまでの記憶にないような大雪であった。前週の8日に降った大雪が日光市街地でまだ20cmほど残っているうえに、さらに南岸低気圧による大雪が60cm降り、80cmの積雪となった。いろは坂では1mを超える積雪となり、いたるところで小規模な雪崩が発生し、全面通行止めとなった。

この日、自然公園財団日光支部の職員2名が乗った車が第2いろは坂の第4カーブ付近で雪崩に遭い、車が半分埋まって動けなくなる事態が発生した。

約9時間車に閉じ込められた後無事救出された。

筆者は翌日、検査のため入院していた2名を迎え、車の回収に同行したが、ここがいろは坂かとは思えない光景であった。ロータリー式除雪車で除雪された幅は1車線分しかなく、両側は高いところで4mもの雪の壁となっていた。いろは坂は3日後にやっと第2いろは坂が交互通行で開通し、第1も含め全面開通したのは1週間後となった。

いろは坂付近は通常あまり積雪がないので、雪崩が発生するなど信じられない人も多いかもしれないが、けっしてあなどれない。大雪が降ったときなどは、通行には十分注意しなければならない。

いろは坂の雪崩注意箇所

雪の壁ができたいろは坂（2014年2月16日）

中禅寺湖はなぜ凍らない？

　奥日光の冬は厳しい寒さが続くが、中禅寺湖は湖面が全部凍ることはめったにない。その理由は水深と関係がある。湖の深さと結氷の関係について、関東以北の湖を調べて緯度と水深の散布図にしてみた（図88）。白丸で示した湖が毎年全面結氷する湖だ。本州では、御神渡りで有名な長野県の諏訪湖、奥日光の湯ノ湖、氷上のワカサギ釣りで有名な群馬県の榛名湖などがある。それぞれ深さは7m、12m、13mと浅い湖だ。湯ノ湖は毎年12月下旬から3月下旬まで全面結氷する。深さ95mの猪苗代湖はある程度凍るが、全面に凍ることはない。

　北海道では、阿寒湖をはじめほとんどの湖は毎年全面結氷するが、日本最北の不凍湖といわれる洞爺湖など深い湖は北海道といえども凍らない。摩周湖は洞爺湖よりも深いが、面積が小さいためか全面結氷する年もあるようだ。

　全面結氷するかしないかの境の水深は、本州で数十メートル程度、北海道で百数十メートルといったところだろうか。

　中禅寺湖はなぜ凍らないのか詳しく考えてみよう。図89は少し古いが水産庁養殖研究所が発行した「中禅寺湖及び湯の湖の観測結果報告」に記載された1980年の中禅寺湖の1年間の水温の変化を示したグラフだ。湖面に近いところでは水温の季節変化が非常に大きいことが分かる。冬には4℃前後で

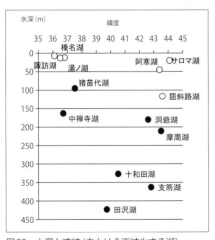

図88　水深と凍結（白丸は全面結氷する湖）

あった水温は、春から夏にかけて上昇し、夏には20℃前後まで上がる。秋になると水温が下がり冬には4℃前後まで下がる。一方、水深がおよそ60mより深いところでは1年を通じて3℃から4℃程度を保っている。水は4℃のときに密度が最大になり重くなるので、重い水が中禅寺湖の下層に溜まっているのだ。このため、冬には表面から湖水の底まで水温は一様に4℃となる。

湖水が結氷するためには、表面の水温が0℃まで下がり、それが一定期間持続しなければならない。奥日光観測所の1月の平均気温はマイナス4.1℃、2月がマイナス3.9℃と十分に低いため、表面の水温が一時的に0℃になることは考えられる。しかしその下に大量の4℃の水があり、そこから熱の供給を受けるので表面の水温は0℃を保つことができない。表面の水温が0℃を持続させるためには、水深60mより浅い部分の湖水が全体的に冷えなくてはならないが、十分に冷え切る前に春を迎えてしまうため凍らないのだ。

1984年は大変な寒冬だった。奥日光の1月の平均気温は、平年がマイナス4.1℃に対し、この年はマイナス6.6℃、2月は平年マイナス3.9℃に対し、この年はなんとマイナス8.2℃となった。そして2月25日朝、中禅寺湖は40年ぶりに全面結氷した。

このとき中禅寺湖漁業協同組合が氷の厚さと氷の下の湖水の水温を測定した大変貴重な記録が残っている。測定した場所は、当時のプリンスホテル桟橋と白岩を結ぶ線と冠岩とベルギー大使館別荘を結ぶ線の交点で、沖合約800mの地点だ。

3月26日に氷の厚さが測定され、32cmを記録している。翌27日には氷の下の水温が測定された。図90はそれをグラフにしたものだ。水深0mでは

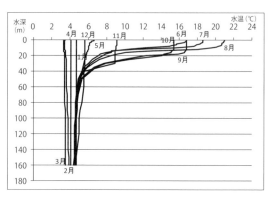

図89　中禅寺湖の1年間の水温変化（1980年）

0.2℃、1mでは0.8℃と低温で、水深60m以下では3℃程度でほとんど変化がないことが分かる。通常の年ではこの季節は水面から下層までほぼ4℃で変化がないが、この年は60mより浅い部分の湖水が異常な低温によって冷え、表面の水温を長期間氷点下に保ったものと考えられる。

このときの水温調査に携わられた赤坂毅氏によると、薄く雪が積もった氷の上を歩き、調査地点でツルハシで氷を打ち砕いたところ水が吹き出し大いに慌てたそうだ。表面の氷は10cmほどしかなく、その下の20cmは水で、さらにその下の30cmほどがまた氷の層になっていたとのことだ。一度凍った氷の表面が日射などにより解け、その後再度表面が凍ったものと思われるが不思議な氷の構造だ。

この年、全面解氷したのは4月21日となり、例年4月1日から運航を始める遊覧船が運航を開始したのは翌22日からとなった。なお、これ以前では、1944年、1927年にも全面結氷の記録がある。めったに全面結氷することはない中禅寺湖だが、湖水が大尻川となって流れ出る付近では、寒さが長く続くと凍ることがよくある（図91点線楕円内）。中禅寺湖は全体的に見ると、岸から一気に深くなっているが、大尻付近だけは湖底の傾斜が緩く、沖合400mくらいまで水深は10mほどしかない。この浅い部分は底まで冷えて凍りやすいのだと思われる。強い西風で湖水表面の冷たい水が吹き寄せられることも要因だと思われる。しかし、少し寒さが緩むと、全体の水と混じり合って昇温し解けてしまう。

写真は1943年に刊行された『奥日光

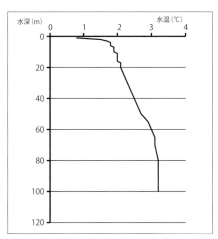

図90　中禅寺湖の水深と水温の変化（1984年3月27日）

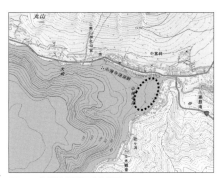

図91　中禅寺湖湖尻付近図

『日本山岳寫眞書』に掲載された大尻橋付近での採氷風景だ。大きな氷のブロックが幾つも採取されており、当時はこのような氷が採れるほど大尻付近は氷結したことが分かる。中宮祠に住む前述の赤坂毅氏によると、この氷は夏期の食料品の冷蔵用に採取されたとのことである。明治の半ばから昭和の初期にかけて、中禅寺湖畔には外国人の別荘が多く建てられ、外交官が蒸し暑い東京の夏から逃れて夏を過ごした。別荘地は大尻橋を起点にして、菖蒲ヶ浜に向かっては西何番、歌が浜に向けては南何番と地番が付され、その中の西六番にはトーマス・グラバーの別荘、後に東京カンツリーアンドアングリングクラブのクラブハウスとなった建物があった。この別荘は1940年に焼失したが、その跡地には現在、「西六番園地」が整備されている。その園地内に氷の貯蔵用の氷室跡が残されている。冬の間に切り出された天然氷は、外交官が中禅寺湖畔で一夏を過ごすために使われたのだろう。

　このように中禅寺湖の水はなかなか0℃にまでは下がらないが、外気温は氷点下が続くので波しぶきは容易に凍る。湖畔の桟橋や強い西風が吹きつける歌が浜の樹木には波しぶきが付着して凍り付き、氷の芸術が出現する。

大尻橋付近の採氷風景

西六番別荘跡の氷室跡

桟橋に付着した氷

戦場ヶ原の地吹雪

　降っている雪とともに、積もっている雪が強い風によって巻き上げられ、視界が損なわれる状態のことを吹雪と呼ぶ。降雪がなくて積もった雪だけが巻き上げられる状態は地吹雪と呼ばれる。横殴りの雪は吹雪ではなく風雪という。ただの風雪では視界がゼロになることはないが、地吹雪は積もった雪が巻き上げられるので空気中の雪粒の密度が格段に高くなり、視界がゼロになることも珍しくない。

　戦場ヶ原はこの地吹雪の名所だ。特に、赤沼と三本松の間で発生頻度が高い。この区間は西側に戦場ヶ原の湿原が開けているため、強風が国道120号を吹き抜ける環境にある。冬型気圧配置が続き、マイナス10℃以下の低温化でさらさらのパウダースノーが積もっているときに地吹雪は発生する。雪が降っていなくても、突然の強風により一瞬にして目の前が真っ白になり視界がゼロになる。前を走っている車が全く見えなくなるので怖い。風の息が弱まったときには視界が開けるが、直ぐにまた突風が吹き視界がなくなる。写真は2015年2月10日の地吹雪の様子で、湯元への出勤時に撮影したものだ。午前8時の気温は、中宮祠の観測所でマイナス8.7℃、戦場ヶ原ではおそらくマイナス10℃を下回っていたであろう。風速は中宮祠で7.2mで、現場では10mを超えると思われる強風であった。

　地吹雪が長時間続くと、雪が道路を横切って帯状に積もり幾筋もの土手のようになることがある。このようなと

戦場ヶ原の地吹雪（2015年2月10日　赤沼・三本松間）

き、視界ゼロの中を走っていると、いきなりズシッと車が雪の土手に突っ込むことがあり、後続車が接近していると大変危険だ。

三本松から北は、国道の西側にズミやカラマツ林が茂っており強風を和らげるので地吹雪は起こりにくいが、風が巻いて時折東風となる瞬間には、開けた東側から地吹雪が吹く。

奥日光ではもう1か所、地吹雪の多発地帯がある。湯滝横の急坂を上り切り湯ノ湖畔に出るところだ。ここでは氷結した湯ノ湖の湖面を吹き渡ってきた強風が地吹雪をもたらす。道路が右に急カーブしているところで急に視界が奪われるので大変危険だ。

東北地方以北では地吹雪は珍しくはない現象であり、東北自動車道には地吹雪除けのフェンスが設置されているところもある。青森県の五所川原市では地吹雪体験ツアーがあり、北国の冬の標準装備であるモンペ、角巻、かんじきを身に着けて雪の中を歩くという。普段雪が降らない都会に住んでいる人にとっては貴重な体験を提供しているのだろう。

地吹雪が発生するためには、氷点下の低温とさらさらの乾いた雪、そして強風が吹く開けた平原が必要な条件だ。地吹雪体験ツアーの五所川原市の1月の平均気温はマイナス1.4℃であるのに対し、奥日光の1月の平均気温はマイナス4.1℃でずっと低温だ。低温であればあるほど雪はさらさらになって地吹雪の発生条件が高まる。戦場ヶ原は本場の五所川原市よりも地吹雪が発生しやすいといえるだろう。そのような場所が関東地方の人が住む生活圏に存在するということは大変貴重だ。

晴れた日の戦場ヶ原（2016年2月11日　赤沼・三本松間）

寒さが売りの日光

　奥日光の冬の寒さはどれほどだろうか、北海道の札幌、旭川と1月の平均気温を比べてみた。月平均気温は、奥日光のマイナス4.1℃に対して札幌はマイナス3.6℃、旭川はマイナス7.5℃で、奥日光は札幌よりも寒いことが分かる。しかし、さすがに旭川は奥日光よりかなり低温だ。日最高気温については、奥日光は札幌よりも少し高いが、これは札幌が日本海側気候に属し日中の日差しが少ないためと思われる。最低気温については、平均気温と同様の傾向となっている。湯元はデータがないが、中宮祠よりも約200m高度が上がるので1～2℃低くなると思われる。また、湯元の冬は日本海側の特徴を示し、連日雪が降って日差しがほとんどないので、最高気温は中宮祠よりもかなり低くなる。

　これまでの最低気温の極値は、奥日光では1984年3月15日に記録したマイナス18.7℃だ。1984年といえば中禅寺湖が全面結氷した年だ。札幌は1929年2月1日のマイナス28.5℃、旭川は1902年1月25日のマイナス41.0℃でこれは日本の最低記録だ。さすがに北海道にはかなわない。

　このように奥日光の冬は大変に寒いため、観光客の数が激減するが、低温を利用して観光客を呼び込もうという取り組みも行われている。湯元温泉では、毎年12月1日から翌3月31日まで「雪まつり」を開催している。特に、2月の1か月間に開催される「雪灯里（ゆきあかり）」が中心で、湯元園地内にLEDランプを配した約1000個のミニか

奥日光と北海道の1月平均気温

観測地	月平均	日最高	日最低
奥日光	-4.1℃	-0.4℃	-8.1℃
札幌	-3.6℃	-0.6℃	-7.0℃
旭川	-7.5℃	-3.5℃	-12.3℃

氷結した湯ノ湖

まくらが作られ、夜になると幻想的な雪景色が浮かび上がる。また、1月下旬から「全日本氷彫刻奥日光大会」が開催される。全国のホテルのコックさんたちが2日間かけて氷を削って見事な彫刻を彫るコンテストだ。作品は園地内に作られた大きなかまくらの中に置かれ観光客の目を楽しませる。終日氷点下の気温が続く奥日光ならではのイベントだ。展示の終了は「氷が解けるまで」とされているのが面白い。しかし、近年はこの厳寒の時期でも気温が上昇して雨が降ることがあり、平均して2週間程度で終了している。

2月の半ばの日曜日には、雪上探検ツアーも開催される。湯ノ湖畔コース、石楠花平展望コース、小峠コースの3つのコースに分かれ、スノーシューハイキングを楽しむ。毎年盛況で200人以上の参加がある。

日光市街地付近でも朝晩の冷え込みは厳しく、古くから天然氷の生産が行われてきた。日本では平安の頃から冬の間に生産された氷を氷室に保存し、暑い夏にかき氷にして食べたといわれている。しかし、今では天然氷の生産者は全国に5軒しかなく、そのうちの3軒が日光市にあり、天然氷は首都圏にも卸されて、天然氷のかき氷は人気を博している。

冬の寒さはまた天然のスケートリンク設営にも適しており、大正に入ってから古河電工日光電気精銅所や金谷ホテルの手で本格的なスケートリンクが作られた。1932年には、細尾に4000坪という当時は東洋一の設備を持った大規模なリンクが開設され、全日本選手権大会などが開催された。

今では屋外リンクは姿を消し、国際規格の本格リンクである日光霧降アイスアリーナが整備され、ここをホームリンクとするプロアイスホッケーチー

氷の彫刻会場

氷の彫刻

ムである日光アイスバックスが活躍している。

あまり一般的ではないが近年人気が高まり、来訪者が増えている厳冬期の名所がある。神橋の少し下流で大谷川に合流する稲荷川が女峰山の山腹に深く刻み込んだ雲竜渓谷だ。火山噴出物が堆積した脆い地質であるため夏は落石の危険があって踏み込みにくいが、冬は氷結して安定する。渓谷の両岸は湧き出す地下水が凍り、高さ数十メートルの氷柱となって連なる。圧巻は雲竜瀑だ。高さ100mの滝が完全氷結する。

通常のルートは、雲竜瀑までを往復するもので、雲竜瀑直下の滝壺に出る数メートルのみロープによる確保が必要だが、他は特に難しいところはない。といっても、ピッケル、アイゼン、ヘルメットは必携で、これらの装備を使いこなす技術が必要だ。12月から凍結が始まり、1月下旬には完全結氷する。2月上旬までが1年で最も気温が低い時期で、氷柱や氷瀑が見頃となるとともに氷の崩落の危険も少なくなる。2月半ば以降も低温が続くが、低気圧の通過が多くなるため積雪が氷を覆ってしまう。最近は冬山初心者のみでの入山が見受けられるが、凍り付いた渓谷を歩くルートであり、エキスパートの同行が求められる。

いずれにしても冬の日光は寒さが売りである。

雲竜渓谷

雲竜瀑

第6部 登山・ハイキングに当たって

奥日光は自由大気の世界

　地球を取り巻く大気は、地球表面から順に、対流圏、成層圏、中間圏、熱圏と区分されている。一番下層の対流圏は地球表面からおよそ11kmまでの高さの層で、上空に行くほど気温が下がっていく。対流圏の中では、大気は対流して、上昇するところでは雲が発生し、雨や雪を降らせる。私たちの生活に大きな影響を与える気象の変化は、高度が僅か11kmまでの薄い大気の層の中で起こっている（図92）。対流圏の上部は成層圏で、気温は高さとともに上昇しており対流は起こらない。このため、雲が発生することはない。成層圏の気温が高いのは、大気中の酸素分子が太陽からの紫外線によって分解、再結合してオゾンができる際、熱を産生するからだ。オゾン層が吸収してくれるので、私たちは太陽からの強烈な紫外線を浴びなくて済んでいるのだ。対流圏の中でも、地表の影響を受ける高さおよそ1000mまでの大気の層は境界層と呼ばれている。

　境界層の中では、日中は大気がよく撹拌され温位（ある高さにある空気塊を1000hPaの高度に置いたときの温度—「奥日光はなぜ涼しい」の項参照）や混合比（水蒸気を含んだ空気塊について、その空気塊から水蒸気を除いた質量に対するその中に含まれる水蒸気の質量の比—重量で表わした湿度のようなもの）が均一で、地上との摩擦により風速は弱まり、気象変化はマイルドなものとなる。私たちは普段、この温和な大気の海の底で暮らしていることになる。

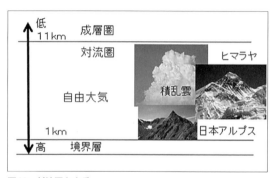

図92　対流圏と山岳

対流圏のうち、境界層の上の層は自由大気と呼ばれている。自由大気の中では、大気は地表の影響を受けることなく、水平方向の温度差や地球の自転の影響を受け、自由な流体として流れている。地球を取り巻く本来の風が吹く荒々しい世界だ。このような大気の構造を念頭に置いたとき、奥日光という地域はどのように位置づけられるだろうか。中禅寺湖畔の標高は約1300m、戦場ヶ原は1400m、湯元で1500mあるので、奥日光は自由大気の中に位置しているといえる。奥日光は、私たちが住む平野部のマイルドな気象環境とは異なる別世界だといえる。実際には、私たちがよく訪れる中禅寺湖から戦場ヶ原、湯元にかけての一帯は、山々に囲まれた盆地状の地形であるため、高く聳える山脈ほどには気象は厳しくない。とはいえ、平野部とは全く異なる気象環境であり、特に冬の寒さの厳しさと風の強さで実感できる。逆に、関東平野が耐え難い蒸し暑さに包まれる夏には、気温・湿度が平野部とは全く異なる爽やかさを実感することができる。奥日光の高原からさらに高く聳える白根山や太郎山、男体山などの山頂部は、完全に自由大気の中に位置するといえる。これらの山に登るということは、自由大気の荒々しい世界に入っていくことに他ならない。

　自由大気の中の気象は境界層と比べるとどのように違うのか。天気図を見てみよう。地上天気図では、低気圧や移動性高気圧が描かれ複雑な形をしているが、850hPa（約1500m）の天気図では、地上付近の低気圧や移動性高気圧は形が明瞭ではなくなり、北極付近を中心とする低気圧を中心に同心円状に等高線が描かれ、それが波打ってい

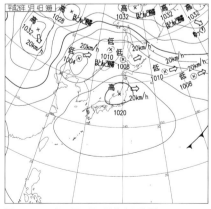

図93　2014年5月4日9時地上天気図

るという単純な形をしている。図93、図94は2014年5月4日午前9時の地上天気図と700hPa、850hPaの高層天気図だ。地上天気図では、移動性高気圧が本州の真上にあり、絶好の登山日和に見える。この時間宇都宮では南西の風3.6m、気温16.5℃、快晴であった。850hPaでも南から広がる大きな高気圧に覆われ、つくば市の観測ポイントでは西北西の風4ノット（2m）、気温7.4℃とまずまずの天気となっていた。しかし、700hPa（高度約3000m）では、関東地方は沿海州にある低気圧の縁辺部に当たり、つくば市の観測ポイントでは西の風23ノット（11.5m）、気温マ

イナス1.5℃でかなり厳しい気象条件となっている。白根山頂とほぼ同高度の744hPaのデータを見ると、西の風13.5m、気温2.7℃で、体感温度はマイナス10.8℃となり快適な登山日和とは言い難い。

自由大気の中では、風は地球の自転の影響を受けて、等高線と平行に吹くのでほぼ西風となり、何も遮るものがないので風速は当然強い。寒気や暖気の入り方も境界層の中と比べるとダイレクトになる。春、秋の季節では、地上では晴れて風が弱く、暖かで絶好の登山日和だと思えても、山は冷たい強風が吹き荒れていることが常だ。登山とは、自由大気の世界に飛び込んでいくことだということを知っておきたい。

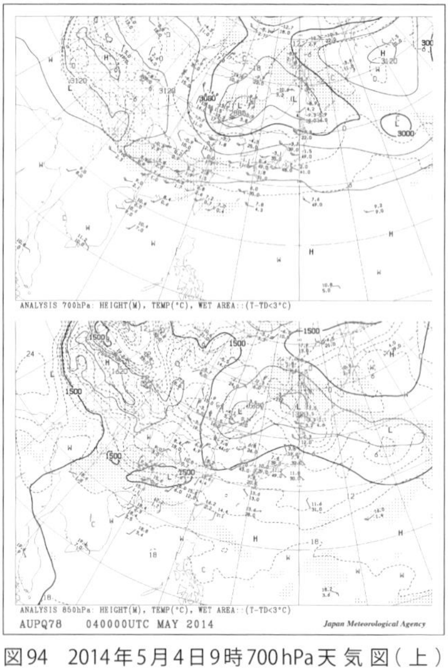

図94　2014年5月4日9時700hPa天気図（上）850hPa天気図（下）

2014年5月4日9時　館野（茨城県つくば市）の観測値

気圧(hPa)	高度(m)	気温(℃)	風向	風速(knot)
1017	31	16.4	南東	2
899	1046	10	西北西	8
850	1511	7.4	西北西	4
744	2593	2.7	西	27
700	3083	-1.5	西	23

天気予報の利用のしかた

気象庁では毎日様々な種類の天気情報を提供している。ハイキングや登山を計画しているとき、1週間前、3日前、前日と、その都度得られる天気予報を見て、予定どおり実行するかどうかの判断、他のスケジュールとの調整などに活かしたい。

府県天気予報

日頃から私たちに身近ないわゆる天気予報は、気象庁で府県天気予報と呼んでいるものだ（図95）。今日・明日・明後日の天気と風と波、明日までの6時間ごとの降水確率と最高・最低気温の予想が示され、私たちは傘を持っていくかどうかや行事を催行するか中止にするかを決めるときに大いに参考にしている。

気象庁の府県天気予報は都道府県を一つから四つの1次細分区域（北海道は七つ）に分けて発表されている。栃木県の場合は南部と北部に分けられ、南部は宇都宮市、北部は大田原市を代表地点としている。日光市は北部の予報区域に含まれているが、大田原市とは自然条件が大きく異なるので注意しなければならない。大田原市は北端部といえども関東平野に位置し観測地の標高は188mであるのに対し、日光市は大部分が山岳地帯で中宮祠の観測地の標高は1292mとはるかに高い。多くの場合、大田原市を代表地点とする北部の天気予報はあまり参考にならない。

それでは奥日光の天気予報はどう

30日11時宇都宮地方気象台発表の天気予報(今日30日から明後日1日まで)

南部	地域時系列予報へ	降水確率	気温予報
今日30日	北東の風 くもり 所により 雪	00-06 —% 06-12 —% 12-18 20% 18-24 30%	日中の最高 宇都宮 6度
明日31日	北の風 日中 北東の風 晴れ 朝晩 くもり	00-06 20% 06-12 10% 12-18 10% 18-24 10%	朝の最低 日中の最高 宇都宮 0度 8度
明後日1日	北の風 くもり	週間天気予報へ	
北部	地域時系列予報へ	**降水確率**	**気温予報**
今日30日	北東の風 後 北西の風 くもり 所により 雪	00-06 —% 06-12 —% 12-18 20% 18-24 30%	日中の最高 大田原 5度
明日31日	北西の風 晴れ 朝晩 くもり	00-06 20% 06-12 10% 12-18 10% 18-24 10%	朝の最低 日中の最高 大田原 -1度 8度
明後日1日	北の風 くもり	週間天気予報へ	

(/:のち, |:時々または一時)

図95　府県天気予報

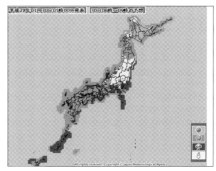

図96　天気分布予報

やって入手すればよいか。1995年以降法律が改正され、気象庁長官の許可を得て気象予報士を置く事業者が独自の天気予報を出すことができるようになった。その中で、ウェザーニューズ社のピンポイント天気では栃木県内の11か所の天気予報を出しており、奥日光の予報も見ることができる。日光市（市街地）のピンポイント天気については多くの天気予報サイトで見ることができる。

地方天気分布予報と地域時系列予報

府県天気予報と同時刻に、地方天気分布予報、地域時系列予報が発表されており、これらは短期予報のカテゴリーに区分されている。

地方天気分布予報では、全国を20km四方の領域に分割し、3時間ごとの天気、降水量、気温、6時間ごとの降雪量が示され、インターネットで見ることができる（図96）。

時系列予報は、3時間ごとの天気、風向・風速、気温の予想で、テレビ、新聞、ネットの天気予報でたいていの場合府県天気予報と併せて示される（図97）。何時頃から雨が降るのかなど、1日の天気変化が分かり利用価値は高い。NHKのデータ放送では1時間ごとの予想を見ることができる。

短時間予報

短時間予報とは、降水量の分布を地図化したもので、現在の分布と今後の分布の予想が示される。降水ナウキャスト、高解像度降水ナウキャスト、降水短時間予報の3種類がある。降水ナウキャストは、全国を1kmメッシュに区切って5分ごとの降水強度分布観測を示すもので、5分ごとの60分先まで

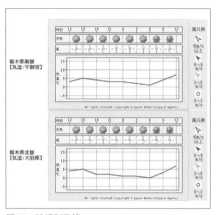

図97　時系列予報

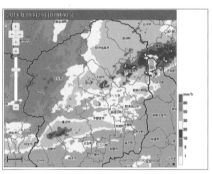

図98　高解像度降水ナウキャスト画像

の予測も示される。

　高解像度降水ナウキャストは気象庁が2014年から運用を開始したもので、表示される降水量分布は250mメッシュと細かく、5分ごとの60分先までの予測が示される（図98）。

　降水ナウキャストや高解像度降水ナウキャストは、山に出かける前の情報として利用するには予測時間が短かすぎるが、スマートフォンに電波が入る環境であれば見ることが可能であるため、山に入ってからの急な豪雨や雷雨の接近を予想し安全な場所に避難するためには大いに役に立つ。高解像度降水ナウキャストの利用については「山で雨雲の動きをチェックしよう」の項で詳しく紹介する。

　降水短時間予報は、1kmメッシュで1時間降水量の分布を示すもので、更新は1時間ごとに行われる。予測は6時間先までと比較的長いため、山に出かける直前の情報として利用する価値がある（図99）。

　なお、気象庁以外のサイトでも、国土交通省のXRAINなどで降水情報画像が提供されている。また、NHKテレビのデータ放送でも現在の降水量分布図を見ることができる。予想図はないが、今どこまで雨雲が来ているのかが分かる。出かける直前の時間がないときなど、立ち上げに時間がかかるパソコンよりもテレビの方が便利だ。

週間天気予報

　中期予報に分類される予報に週間天気予報がある。都道府県単位に日ごとの天気、最高・最低気温、降水確率、予報の信頼度が、発表の翌日から7日先まで示される（図100）。週末の登山やハイキングを計画する際に利用できる。週間天気予報の利用については「アンサンブル週間天気予報」の項で詳

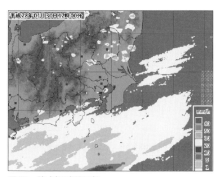

図99　降水短時間予報

細を紹介する。

以上の他にも、1か月予報、3か月予報、暖候期予報、寒候期予報の長期予報がある。

天気予報には賞味期限がある

ハイキングや登山を計画するに当たっては、その日の天気がどうなるかは最重要の関心事となる。前日や当日の朝、テレビや新聞の天気予報を確かめる人は多いだろう。しかし、ここで注意しなければならないことがある。天気予報には賞味期限があることだ。最新の、鮮度が高い予報をゲットしなければならない。

気象庁の府県天気予報は1日に3回、午前5時、午前11時、そして午後5時に発表される。「明日山登りに行くので、最新の天気予報を見てから寝よう」と夜遅くまで起きてテレビの天気予報を見ても、その予報は午後5時に出されたものだ。午後5時以降には天気予報は更新されないので、明日に備えて早く寝た方が賢明だ。

朝の天気予報の確認も注意が必要だ。特に新聞の朝刊に掲載されている天気予報は、前日に発表されたもので、午前5時には気象庁から新しい天気予報が発表されるため、それ以降は賞味期限が切れることになる。食品であれば販売することができない。最新の天気予報は、テレビかインターネットで見なければならない。登山に出かける場合は午前5時よりも早く家を出ることも多いので、午前5時になったら道中の車のラジオかスマートフォンで確認したい。

週間天気予報の利用にも注意が必要だ。週間天気予報は毎日1回、午前11時に発表される。待つことができるのであれば、11時の週間天気予報を見たい。

1月30日11時　栃木県の週間天気予報

日付		31 日	1 月	2 火	3 水	4 木	5 金	6 土
栃木県 府県天気予報へ		晴時々曇	曇	曇時々晴	晴時々曇	晴時々曇	曇	曇
降水確率(%)		20/10/10/10	20	10	10	10	30	30
信頼度		／	／	A	A	A	C	C
宇都宮	最高(℃)	8	8 (5~10)	8 (6~10)	8 (6~10)	9 (7~10)	10 (7~12)	10 (7~12)
	最低(℃)	0	-1 (-4~0)	-4 (-6~-2)	-3 (-4~-1)	-3 (-4~-1)	-2 (-3~0)	0 (-2~1)

平年値	降水量の合計	最高最低気温	
		最低気温	最高気温
宇都宮	平年並 0 ~ 7mm	-2.9 ℃	8.4 ℃

図100　週間天気予報

第6部　登山・ハイキングに当たって　113

表　予報の種類と内容

	予報種類	予報要素	対象領域	予報期間	発表日時
短時間予報	高解像度降水ナウキャスト	10分ごとの1時間降水量	全国を250m四方に分けた地域ごと	観測時刻から1時間先まで	5分ごと
	降水ナウキャスト	10分ごとの1時間降水量	全国を1km四方に分けた地域ごと	観測時刻から1時間先まで	5分ごと
	降水短時間予報	1時間ごとの1時間降水量		観測時刻から6時間先まで	30分ごと
短期予報	天気予報（府県天気予報）	風、天気、波の高さ、最高・最低気温、降水確率	1次細分区域（都府県を1～4に分けた地域、北海道は支庁ごと、沖縄県は七つの地域）	今日（発表時刻から24時まで）明日・明後日（0～24時）	定時発表は5時、11時、17時。必要に応じ随時修正発表される
	地方天気分布予報	3時間ごとの天気、降水量、気温、6時間ごとの降雪量、最高・最低気温	全国を20km四方の領域に分割し、11地方ごとに発表	発表時刻の1時間後から24時間先まで（17時発表までは30時間先まで）	
	地域時系列予報	3時間ごとの天気、風向・風速、気温	1次細分区域、気温は細分区域内の代表地点		
中期予報	週間天気予報	日ごとの天気、最高・最低気温、降水確率、予報の信頼度	都道府県単位、北海道は七つ、沖縄県は四つ、東京都と鹿児島県は二つの地域に細分	翌日から7日先まで	11時、17時
長期予報（季節予報）	1か月予報	確率的に表現される	向こう1か月の平均気温、降水量、日照時間、降雪量、1週目、2週目、3～4週目の平均気温	全般季節予報は、全国が対象、地方季節予報は、11の地方予報区に分けて発表	翌週から向こう1か月	毎週木曜日14時30分
	3か月予報		3か月の平均気温、降水量、降雪量、毎月の平均気温・降水量		翌月から向こう3か月	毎月25日頃14時
	暖候期予報		夏（6～8月）の平均気温、降水量、梅雨期（6～7月、沖縄・奄美は5～6月）の降水量		3月から8月まで	2月25日頃14時（3か月予報と同時発表）
	寒候期予報		冬（12～2月）の平均気温、降水量、降雪量（日本海側の地域のみ）		10月から翌年2月まで	9月25日頃14時（3か月予報と同時発表）

登山やハイキングに行く日の天気を調べる

　登山やハイキングを計画する際、その日の天気が気がかりになる。雨の中を歩くのもまた趣があってよいものだが、できれば青空の下を歩きたい。今度の週末に奥日光を歩く計画をしているとき、どのような気象情報を利用するのが良いだろうか。

　まず見なければならないのは、気象庁が発表している週間天気予報だ。発表の翌日から7日間の天気、降水確率、信頼度、最高・最低気温が予想されている。これが基本情報だ。計画している日を挟んで数日晴れの日が予報されていれば、その日が晴れるのは間違いない。ずばり雨が予報されているのもほぼ間違いない。計画は変更した方がよいだろう。

　難しいのは曇りの予報、あるいは曇り一時雨などと予報されている場合だ。曇りの予報でも降水確率は通常40%程度で、降る可能性はかなり高い。曇り一時雨も、どの程度降るのか悩ましいところだ。行くべきか中止すべきか判断が難しくなる。テレビなどで発表される週間天気予報ではなかなか読み切れないところがあるが、このようなときにインターネットを利用し、一歩踏み込んだ予報資料を見てみよう。

　週間天気予報が作成されるに当たって、気象庁では1週間分の予想天気図を作成している。週間予報支援図［アンサンブル］（略号FZCX50）と週間予報支援図（略号FXXN519）、週間アンサンブル予想図（略号FEFE19）だ。これらの予想図を見ると、どのような気圧配置が予想されて曇りや雨が予報さ

日付	5 木	6 金	7 土	8 日	9 月	10 火	11 水
栃木県 府県天気予報へ	晴	晴のち曇	雨のち曇	晴時々曇	曇	曇一時雨	曇
降水確率(%)	-/10/0/0	0/0/30/30	50	10	30	60	40
信頼度	/	/	C	B	C	C	C
宇都宮 最高(℃)	25	25	27 (22〜29)	24 (22〜26)	20 (16〜24)	19 (15〜23)	20 (16〜24)
宇都宮 最低(℃)	/	10	16 (14〜18)	11 (9〜13)	13 (10〜14)	13 (11〜15)	14 (11〜17)

平年値	降水量の合計	最高最低気温	
		最低気温	最高気温
宇都宮	平年並 14 - 33mm	11.5 ℃	21.8 ℃

図101　2016年5月4日発表の週間天気予報

れているのかが分かる。

　週間予報支援図［アンサンブル］は、500hPa予想天気図、850hPa相当温位図など、週間予報支援図はGSMによる500hPa予想天気図、850hPa予想気温図などが描かれ、週間アンサンブル予想図は予想地上天気図が描かれている。ここでは馴染みのある地上天気図が描かれている週間アンサンブル予想図を見ていきたい（週間予報支援図［アンサンブル］及び週間予報支援図については「アンサンブル週間天気予報」の項を参照していただきたい）。

　この予想図では、発表の翌々日から6日間の予想される21時（世界標準時12時）の地上天気図が描かれている。前線は描かれていないが、低気圧や高気圧が描かれており、どのような気圧配置で曇りや雨の天気が予報されているのかが分かる。この天気図に描かれているハッチがかかった部分は降水が予想されるエリアだ。予想時の前24時間降水量5mm以上の範囲（センタークラスター平均）が示されている。センタークラスターとはアンサンブル予報の平均的な部分のことをいい、詳しくは「アンサンブル週間天気予報」の項を参照されたい。

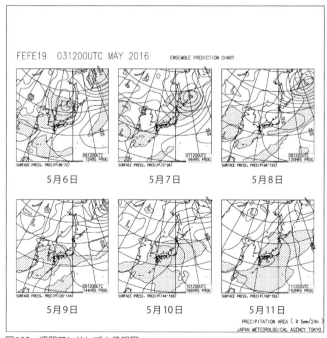

図102　週間アンサンブル予想図

例として、2016年5月4日(水)午前11時に発表された栃木県の週間天気予報を見てみよう(図101)。5月7日(土)は雨のち晴れ、降水確率50%、信頼度Cとなっているが、雨が止んで何時頃から晴れてくるのかが分からない。この日に奥日光にハイキングに行く計画をしている場合、朝のうちに雨が止めば予定どおりに実行するが、午後にならないと止まないのであれば中止した方が賢明だ。

5月10日(火)は曇り一時雨、降水確率60%、信頼度はCとされておりまだブレがありそうだ。降るのかどうか、よく分からない。

ここで、週間アンサンブル予想図を見てみよう(図102)。5月7日は、日本海から北海道に抜けた低気圧から降水エリアが南西に伸びており、8日にはこの降水エリアは日本の東海上に遠ざかっている。このことから、7日に予想されている雨は寒冷前線の通過によるものであることが分かる。したがって雨は比較的短時間で上がり、天気の回復は順調だと考えられる。一方、5月10日の雨は南岸を通過する低気圧によるもので、長時間しとしとと降り続く雨であることが分かる。予想図では9日から11日まで降水エリアが描かれており、週間天気予報では曇りと予

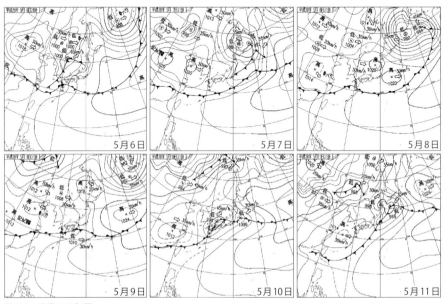

図103　実際の天気図

想されている9日と11日も雨が降る可能性がありそうだ。

　さて、この週間予報はその後どのように変化しただろうか。図103は、実際の天気図だ。5月7日はアンサンブル予想図のとおり北海道付近を東進する低気圧から南西に伸びる寒冷前線が通過した。5月10日から11日にかけて南岸を通過する低気圧はアンサンブル予想図よりも発達し、東進のスピードも速かったが、大きなパターンとして見ればほぼ当たっていることが分かる。

　実際の天気は次のように経過した。奥日光では、5月7日は、午前4時頃に0.5mmに満たない雨が降りその後午前中は晴れた。午後2時頃に再度0.5mmに満たない小雨が降ったがその後は曇りとなった。9日は終日曇りで夜は小雨、10日は日中止み間があったもののほぼ雨で降水量は8.5mmを観測している。11日も午前中は雨で午後は曇

り、降水量は4.5mmを観測している。なお、8日は週間天気予報のとおりに晴れとなった。

　このように、通常気象庁から発表される週間天気予報では、この先1週間の予想天気が示されているが、どのような気圧配置でそのような天気になるのかまでは分からない。「曇り一時雨」と示されていても、にわか雨程度で済むのか、長い時間降り続く本降りの雨になる可能性を含んでいるのかは分からない。

　登山やハイキングを予定している日のもう少し詳しい気象情報を知りたいとき、ネットで週間予報支援図［アンサンブル］を見ると、予想されている雨が前線通過による一時的なものなのか、日本付近を通る低気圧によるものなのかが分かる。低気圧によるものであれば、発達した場合には天気が本格的に崩れる可能性があると思わなければならない。

実際の天気（奥日光）

月　日	天気	降水量
5月6日	晴れ後曇り後雨	1.0
7日	晴れ後曇り一時雨	0.0
8日	晴れ	
9日	曇り一時晴れ後雨	3.0
10日	曇り時々雨	8.5
11日	雨後曇り	4.5

夏の奥日光の天気の注意点

　関東平野で安定した夏空が続く時期、奥日光の高原や山々でも好天が続く。しかし、炎暑が続く関東平野でも、一雨あって涼しくなり一息つくことがある。平野部で雨が降ったり、少し涼しくなったときは、奥日光ではその気象現象はより強く現れるので注意しなければならない。雨が降る要因としては、大きく分けて雷雨、台風、前線の南下がある。

奥日光の山と雷雨

　雷雨は大気の状態が不安定になって積乱雲が発達したときに発生する。大気の状態が不安定になるのは、大気下層に湿った空気が入ってきたり、上空に寒気が入ってくることによるが、夏の雷雨は主に上空に寒気が入ってくることが原因だ。したがって、上空の寒気の動きを見ることによって、ある程度雷雨発生の可能性を予見することができる。真夏の雷雨発生の目安になるのは、500hPa（上空約5500m）のマイナス6℃の等温線だ。地上で30℃以上の高温が続いているとき、高度約5500mにマイナス6℃以下の寒気が侵入してくると大気の状態が不安定になり、雷雨が発生しやすくなる。

　図104は2015年8月4日午前9時の地上天気図だ。この地上天気図を見るだけでは雷雨発生の予想は難しい。しかしこの日、奥日光では13mmの降雨があり、このうちの12.5mmが午後1時から2時の1時間に降った。図105

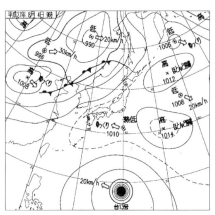
図104　2015年8月4日9時地上天気図

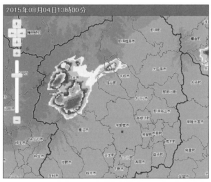
図105　2015年8月4日13時高解像度降水ナウキャスト画像

はこの日の午後1時の気象庁の高解像度降水ナウキャストの画像だ。奥日光付近で激しい雨が降っているのが分かる。

次にこの日の上空の寒気の様子を見てみよう。図106は、前日の2015年8月3日午前9時を初期値として作成された8月4日午前9時の500hPaの予想高層天気図だ。マイナス6℃の等温線を太い線で示してあるが、本州中部に閉じたマイナス6℃の等温線が描かれている。前日にこの高層天気図の予想図を見ていれば、雷雨が発生する可能性があることを知ることができる。

500hPaの気温がマイナス6℃以下であっても、絶対に雷雨が起こるというものではないが、雷雨発生の可能性があると意識して登山やハイキングの計画を立てた方が良い。

次に台風の影響を受ける場合であるが、直撃したり関東地方に非常に接近する場合には登山やハイキングを中止するのは当然だが、「幻の湖、小田代湖」の項で述べたように、台風が関東地方から離れた東海沖や四国付近にあるときも注意が必要だ。台風がこのような位置にあるときは関東平野には南東から湿った暖かい風が吹き込み、日光連山など南東側に斜面が開けた山岳地帯に大雨を降らせるからだ。台風の速度が遅いときには大雨が持続して降り、日光で最も大雨が降る気圧配置となる。

もう一つ注意しなければならないのは、時折日本海から南下してくる前線だ。夏は太平洋高気圧に覆われ暑い日が続くが、太平洋高気圧も持続的に勢力を保っているわけではなく、一夏の間に何度も盛衰を繰り返す。勢力が衰えたときに日本海から前線が南下してくる。前線は本州の日本海沿岸まで南下して消滅する場合もあれば、本州を

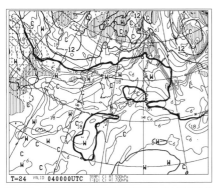

図106　2015年8月4日9時予想500hPa天気図（8月3日9時初期値）

通過して太平洋側まで南下する場合もある。前線が日本海沿岸に留まる場合は、北アルプス北部や上越の山々では天気が崩れるが、日光の山ではほとんど影響を受けない。しかし前線が本州を通過し南岸まで南下する場合には雨が降り、気温も想像以上に下がるので注意しなければならない。

図107は2014年8月5日の地上天気図だ。日本付近は太平洋にある夏の高気圧に覆われ、この日の奥日光の最高気温は28.8℃、宇都宮では37.3℃を記録している。図108はその1週間後の8月12日の地上天気図だ。前線が本州南岸まで南下し、奥日光では41.5mmの降水を観測、この日の最高気温は18.5℃と8月5日に比べ10℃ほども低下している。

前線の南下はアンサンブル週間予報図で見当をつけることができる。図109は8月2日に発表された週間予報支援図（アンサンブル）（「アンサンブル週間天気予報」の項参照）から、図110は猛暑の最中の8月5日に発表された週間予報支援図（アンサンブル）から、それぞれ8月5日と12日の500hPa予報図をピックアップしたものだ。ここで注目しなければならないのは5880mの等高線の位置だ。5880mの等高線が夏の暑さをもたらす太平洋高気圧の勢力範囲の目安だが、5日は本州中央部を広く覆っているのに対し、12日では本州の南に後退している。また、5820mの等高線は前線の位置の目安となるが、5日は北海道から日本海北部を通っているのに対し、12日は本州の日本海沿岸まで南下しており、前線の南下が予想されている。図111は実際の8月12日

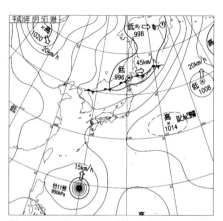

図107　2014年8月5日9時地上天気図

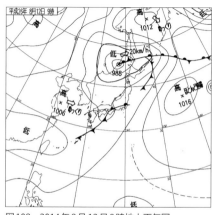

図108　2014年8月12日9時地上天気図

の500hPa天気図で、点線で示した5820mの等高線は予想よりも南下して本州の南岸沿いを通っている。

　予報図を見ると、これらの等高線が周期的に南北に波打つのが分かる。5880mの等高線が本州より南に下がると暑さも一服し、5820mの等高線が本州にかかると前線が本州にかかり一雨あって気温も下がる。このようなとき、2000mを超える日光の山々では冷たい雨が降り、全身が濡れると低体温症の危険すらあるので注意しなければならない。

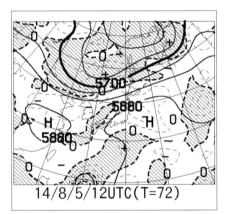
図109　2014年8月2日発表の5日500hPa予想図

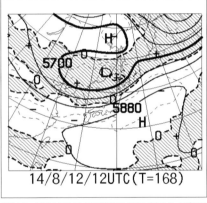
図110　2014年8月5日発表の12日500hPa予想図

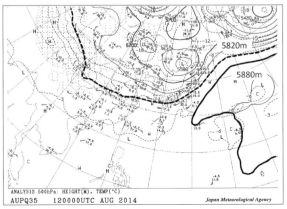
図111　2014年8月12日9時50hPa天気図

冬の奥日光の天気の注意点

冬の関東平野は乾燥した晴天が続くが、日光連山など北西部の山岳地帯は、宇都宮から眺めると雪雲に隠れて見えない日が多い。冬型気圧配置の強弱によって、山が見える日もあれば山麓まで雪雲に包まれて全く見えない日もある。

通常の強さの冬型気圧配置のときは、山稜は雪雲に覆われて見えないが山麓は見えていることが多い。こんな日に奥日光に行くと、薄日が射す中積もるほどではない粉雪が強風に舞っている。気温は終日氷点下で強風も相まって体感温度には厳しいものがあるが、視界もきくので戦場ヶ原や小田代原など平坦なところをスノーシューで歩くことは可能だ。ただし、防寒対策はしっかりと準備する必要がある。

しかし、白根山や女峰山などの登山は、登るにつれて風雪が激しくなり、雪も深くなって厳しいラッセルを強いられる。前白根山の山頂付近は遮るものがないため、体が飛ばされそうな風雪となり、急速に体温が奪われていく。冬山のベテランのみに許される世界で、初心者のみで向かってはならない。

冬型気圧配置でも「冬型気圧配置で

厳冬期の奥白根山

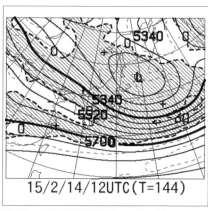

図112　2015年2月8日発表の2月14日500hPaアンサンブル予想図

奥日光に雪が降るとき」の項で述べたように、大気下層の風の流れによっては奥日光一帯で本格的に雪が降ることがある。850hPa（高度約1500m）から700hPa（同3000m）の風向が北西になり、しかも風速が20m/s以上となったときだ。このような風の流れが持続したとき、日本海側から雪雲が次々に奥日光に流れ込んでくる。このようなときは大粒の雪が間断なく降り続き、積雪量が一気に増える。視界もきかなくなるので、戦場ヶ原や小田代原など平坦な場所でも行動は無理だ。まして2000m級の群馬県境の山々では、一晩に1m程度の雪が積もることがあるので登山は避けた方がよい。

奥日光に大雪を降らせる北西風パターンは予想できるのか。850hPaや700hPaの予想天気図を見ることができればよいのだが、公開されていないので500hPaアンサンブル予想天気図を見る。850hPaや700hPa天気図とおおむね同様のパターンになるからだ。この予想天気図を見て、上空の低気圧が東寄りの位置にあり、等高線が本州付近を北西から南東に横切る形となっていると、奥日光で大雪になる可能性があると判断できる。

「冬型気圧配置で奥日光に雪が降るとき」の項で、2015年2月14日に奥日光で25cmの積雪を記録した事例を紹介したが、これが数日前に予想できたかどうかを見てみよう。図112は2015年2月8日発表のアンサンブル予想図から2月14日の500hPaアンサンブル予想図をピックアップしたものだ。日本付近で等高線が北西から南東方向に密に描かれており、この事例では良く予

風雪の前白根山

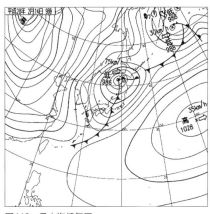

図113　日本海低気圧

想されている。しかし実際には、日本海上空の気温分布や日本海の海水面温度、雲の分布パターンなどにより左右されるので確実に予想できるものではない。あくまでも、降る可能性がある程度に捉えるべきだ。

　強い冬型気圧配置であるが上空の風が北西風パターンにならないときもある。むしろ北西風パターンにならないことの方が多い。このようなときは、降雪量は少なくても低温と強風で行動は困難になる。戦場ヶ原や小田代原では猛烈な地吹雪となる。2000m級の山々では行動不能となる。

　太平洋側を低気圧が発達しながら通過する南岸低気圧の気圧配置のときには確実に大雪が降る。この場合には低気圧に向かって南から暖かく湿った空気が入るので、気温は比較的高く、湿った大粒の雪が降り続く。降り積もった雪は密度が高く重いので、ラッセルには体力を奪われる。また、気温が高いので衣類に着いた雪が解けて体を濡らす。全身が濡れると低体温症の危険も生じる。低気圧の発達程度や通過コースは予想地上天気図で十分に分かるし、低気圧による雨や雪は日常生活に大きな影響を与えるのでテレビなどの天気予報でも丁寧に説明されるので予想は容易だ。平野部では雨になるか雪になるかは微妙なことが多いが、標高が1000mを超える奥日光では平野部が雨でもほぼ確実に雪となる。

　ただし、厳冬期でも1度や2度は雨が降ることもあるので注意が必要だ。図113は2016年2月14日の地上天気図だ。日本海北部を低気圧が発達しながら通過している。このような気圧配置のときは、低気圧に向かって南から暖かい風が日本付近に吹き込み春のような陽気になる。この日の奥日光の最低気温はプラス4.4℃、最高気温は

奥日光金精の森スノーシューコース

14.0℃で、雪ではなく雨を14.5mm観測し、バレンタインデーの雨のプレゼントとなった。しかし、この暖かさは一時的で、翌15日の最低気温はマイナス7.8℃、最高気温はプラス4.8℃、16日になるとそれぞれマイナス10.0℃とマイナス1.3℃と終日氷点下の真冬の寒さに戻っている。このようなときに登山をすると、雨でびしょ濡れになった衣類や装備が次に襲ってくる寒気でたちまち凍り付いてしまう。冬の山で最も注意しなければならない気象パターンの一つだ。

　移動性高気圧に覆われた日の奥日光は、風も弱く他の季節には見られない澄み切った青空が広がる。気温も一けた台のマイナスで、汗もかかず快適な冬の1日を過ごすことができる。一冬に数日しかないが、絶好のスノーシューハイキング日和となる。しかし、移動性高気圧の背は低く、2000m級の山々では強い西風が吹いているので登山は要注意だ。

　さて、冬型気圧配置にしても南岸低気圧にしても、一気に積雪量が増えたときには雪崩にも注意しなければならない。雪崩の可能性があるかどうかを知るためには「弱層テスト」が有効だ。雪崩は、積雪層の内部に雪の粒どうしの結合が弱くなった「弱層」と呼ばれる層ができ、登山者が斜面を横切るなどして雪面に衝撃を加えたときに、これを滑り面にして発生する。弱層ができる原因は、気温の上下により積雪層内部にできる霜ざらめ（雪の粒に霜が付

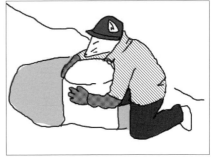

弱層テスト

着し雪粒どうしの結合力が弱くなった状態）や、もともと結合力のない粒の大きな霰などだ。

弱層テストの方法は、まず雪の斜面を掘り、直径50cm程度、高さ60cm程度の円柱を掘り出す。そして両手で円柱を抱えてゆっくりと引っ張る。もし弱層がある場合、弱層を滑り面にしてスルッと円柱がずれる。かなり力を入れても円柱が動かない場合、一応安全と考えることができる。

この本の出版準備中の2017年3月27日、那須で栃木県高等学校体育連盟登山部が主催する春山講習会において雪崩事故が発生した。高校生46名と引率教師9名が那須温泉ファミリースキー場付近でラッセル訓練をしていたところ、上部斜面で雪崩が発生し、生徒7名と教師1名が巻き込まれて亡くなるという大惨事となった。

この日は、前日から日本に近づいてきた低気圧が南海上で発達し、日付が27日に変わる頃から降水域が関東南部から北部に向かって急激に広がった。事故現場に近い那須高原アメダス観測地の積雪深は、27日午前0時が0cm、午前9時が33cmと急激に増えている。アメダス観測地より標高が高い事故現場ではさらに多くの新雪が積もったものと思われる。

筆者は、この事故直前の3月11日に事故現場近くの大丸温泉で行われた県山岳連盟主催の登山指導員研修会で気象の講師を務めたばかりであった。それだけにこの事故の発生には残念な思いでいっぱいだ。明るい未来が待っていたであろう若者とご両親の無念さを思うと胸が締め付けられる思いだ。亡くなった生徒さんと教師のご冥福を心からお祈りしたい。

春秋の奥日光の天気の注意点

　春秋の季節は低気圧と移動性高気圧が交互に通過するため、天気は周期的に変化する。注意しなければならないのは、悪天をもたらす低気圧が通過する際と、春の初めと秋の終わり頃、低気圧が通過した直後に一時的に現れる冬型気圧配置だ。

　低気圧は通過するコースによって天気が大きく異なる。日本海を通過する場合には（図114）、本州は低気圧の南側の暖域に入るため、南から暖かい空気が入って気温が上昇し、天気の崩れは小さい。奥日光は雲間から時折青空が覗く天気となるが、湿った南風の影響を受けやすいというこの山域の特質から、2000m級の山々の稜線は雲に包まれ雨も降る。低気圧から南西に伸びる寒冷前線が通過した後は、北西風に変わり急激に気温が下がるので注意が必要だ。

　低気圧が日本の南を通る南岸低気圧の場合には（図115）、しとしとと雨が降り続く。本州は低気圧の北側の寒域に入るため、低気圧に向かって吹き込む冷たい北東の風により平野部では低温となるが、標高が高い奥日光ではむしろ気温は上昇する。平野部の低温は、大気下層に吹く冷たい北東風によるもので、高度が上がると気圧の谷の前面に吹く南西風の場となり気温は上昇する。気温が上昇するといっても平地よりは低く、標高が高いところでは

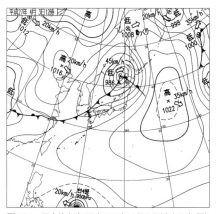

図114　日本海低気圧（2015年4月3日地上天気図）

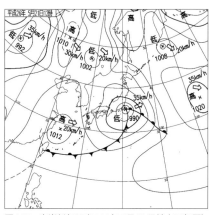

図115　南岸低気圧（2014年5月21日地上天気図）

雪になることがある。

　低気圧が本州の真上を縦断するコースを取ったときは天気は大荒れとなるが、真上を通るケースは比較的少ない。

　十分に注意しなければならないのは、春まだ浅い時期や晩秋の頃、低気圧が東海上に抜けた後急激に発達した場合だ。東海上に発達した低気圧、大陸には移動性高気圧があって、天気図の形は一時的に西高東低の冬型気圧配置になる。季節外れの寒気が南下してくることがあり、山岳遭難、特に近年、中高年の山岳遭難でよくあるパターンだ。最近では、2009年7月の北海道大雪山系のトムラウシ山、2006年10月7日の、2012年5月4日の北アルプス白馬岳の遭難がある。図116、図117は白馬岳で遭難が発生した日の天気図だ。いずれも低気圧通過後に一時的な冬型気圧配置となり、風雨や吹雪の中で立ち往生し低体温症により何名もの犠牲者を出している。

　奥日光の山々の場合、日本海側の山ほどにはシビアではないものの、2000m級の稜線では冷たい風雨や風雪に見舞われるので注意しなければならない。この時期の冬型気圧配置はたいてい1日で緩んでしまうもので、風雪が吹き荒れた翌日は穏やかな晴天となることも多いので、気象変化のタイミングをよく見極めて登山を計画するべきだろう。

　春から夏に移り変わる時期、夏が終わり秋に移り変わる時期には、梅雨、秋の長雨が訪れる。この長雨のシーズンは日本の南に停滞する前線によるものだが、「奥日光には梅雨がない？」の項で触れたように、平野部では曇りや

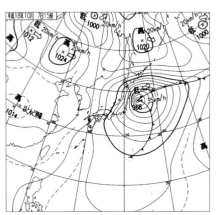

図116　2006年10月7日地上天気図

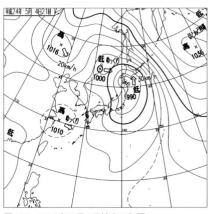

図117　2012年5月4日地上天気図

雨でも奥日光は晴れていることがある。

　ハイキングや登山に最適な気象となるのは、移動性高気圧や帯状高気圧に覆われるときだ。低気圧が完全に去って一時的な冬型気圧配置も解消し、すっぽりと移動性高気圧に覆われたときはハイキングや登山に絶好の好天となる。図118は2016年5月23日午前9時の地上天気図で、日本海にある移動性高気圧に日本列島がすっぽりと覆われている。この日は全国的に晴天となって気温が上昇し、群馬県桐生市では34.2℃の最高気温を記録した。奥日光は終日晴天に恵まれ、この日記録した最高気温は22.6℃で平年値を7℃以上上回った。

　日本付近で東西に細長く連なる移動性高気圧を帯状高気圧という。高気圧が1つ東に抜けても西から次の高気圧が移動してくるので晴天が長く続く。図119は2016年10月14日午前9時の地上天気図だが、この後10月16日まで帯状高気圧に覆われ続け好天が続いた。この3日間の最高気温は10.8℃から16.0℃で快適であったが、最低気温は1.8℃から2.9℃とやや冷え込んだ。最高気温はほぼ平年並みであったが、最低気温は平年値と比べ2.3℃低かった。

　春秋は、低気圧高気圧が一定の周期で日本付近を通過するので、週間天気予報に関する資料を見れば移動性高気圧や帯状高気圧に覆われる日がかなり正確に分かる。好天が予想される日をねらってハイキングや登山を計画したい。

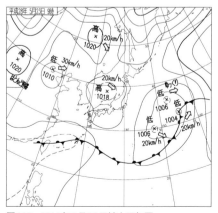

図118　2016年5月23日地上天気図

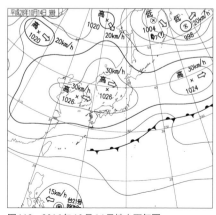

図119　2016年10月14日地上天気図

奥日光のリアルタイムの気象チェックと予報

　奥日光に登山やハイキングに行くとき、現地の今の気温や天気などが知りたい。こんなとき一番信頼が置けるのは気象庁のアメダス奥日光観測地のデータだ。ネットの気象庁のサイトから最新のデータと過去のデータを見ることができる。毎時の気温や湿度、風向、風速、降水量や降雪量が表示され、前日までの毎日のデータも見ることができる（図120）。

　さらに2016年3月15日からは、気象庁のサイトで「推計気象分布」の提供が始まった。「推計気象分布」は、アメダスや気象衛星の観測データ等を基に気温と天気の分布を1kmメッシュの細かさで描いたもので1時間ごとに更新さ れる。アメダスではデータが点の情報でしか示されないが、面的に示されるので分布の様子がよく分かる（図121）。

　推計気象分布情報からも読み取ることができるが、アメダスの奥日光観測地以外にも奥日光では戦場ヶ原の三本松茶屋で実際の観測を行っており、その気象データをネットで見ることができる。閲覧できるサイトは、「三本松茶屋（今日の戦場ヶ原）」で、気温、湿度、風向、風速、雨量などのデータが10分間隔で更新される。さらに気温については、今日の最高気温、最低気温、雨量については、今日の雨量の他、過去1時間あたりの雨量、1時間あたりの最大雨量、降り始めからの総雨

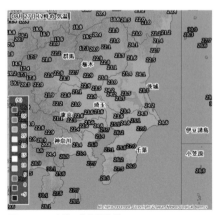

図120　アメダス（地図形式）

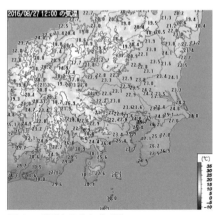

図121　推計気象分布（気温）

量、過去1か月、過去1年の雨量が掲載されている。男体山を望むライブカメラの画像も見ることができ、積雪状況も分かって活用度は高い(図122)。

なお、三本松茶屋での気象観測は初代店主の鶴巻喜六さんが1945年から始めたものだ。1968年からは宇都宮地方気象台戦場ヶ原篤志観測所として10年間委託観測を続け、その後も観測を続けられている。毎年秋の三本松での初氷の観測が話題となる。

「日光観光ライブ情報局」のサイトでは、湯元温泉、湯滝、二荒山神社(中宮祠)、二荒山神社(本社)男体山山頂の気温、最高・最低気温が掲載されており、気象観測所がない場所の気温を知ることができるのは貴重だ。各地点のライブカメラの画像も見ることができる。特に、男体山山頂のデータは登山を計画するに当たっては大変貴重なものだ(図123、124)。

湯ノ湖のライブカメラ画像は、「インターネット自然研究所」のサイトで見ることができる。「湯元はなぜ雪が多

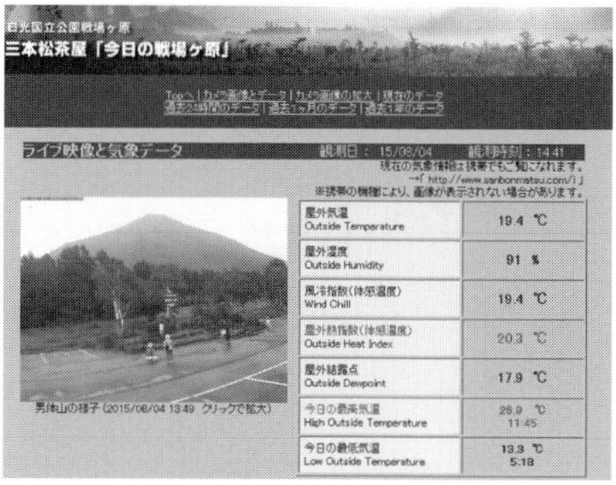

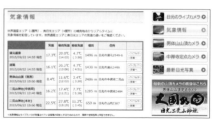

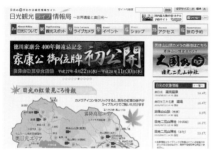

図122　三本松茶屋「今日の戦場ヶ原」

図124　気象情報

図123　日光観光ライブ情報局

奥白根山付近の数値計算結果　2015年08月04日09:00初期値

日時	4日(火) 9時	4日(火) 15時	5日(水) 9時	5日(水) 15時	6日(木) 9時	6日(木) 15時	7日(金) 9時	7日(金) 15時
高度3200m付近	10.8℃ 西南西 6.7m/s	11.2℃ 西 4.6m/s	11.4℃ 南南西 2.4m/s	12.2℃ 南西 4.8m/s	11.1℃ 西南西 3.1m/s	11.0℃ 西北西 3.2m/s	10.4℃ 北 1.0m/s	10.8℃ 北北西 2.3m/s
高度2000m付近	17.9℃ 西 3.2m/s	17.5℃ 北西 2.3m/s	18.7℃ 南西 1.5m/s	18.2℃ 北西 1.1m/s	17.6℃ 北西 1.5m/s	17.5℃ 北 2.1m/s	16.7℃ 北西 1.2m/s	17.4℃ 北北東 4.1m/s
高度1500m付近	20.8℃ 北西 2.3m/s	20.6℃ 西北西 0.9m/s	21.5℃ 西 1.7m/s	21.1℃ 北西 0.1m/s	20.2℃ 北北西 2.3m/s	20.3℃ 北東 2.0m/s	19.1℃ 北西 1.7m/s	20.0℃ 北東 3.5m/s

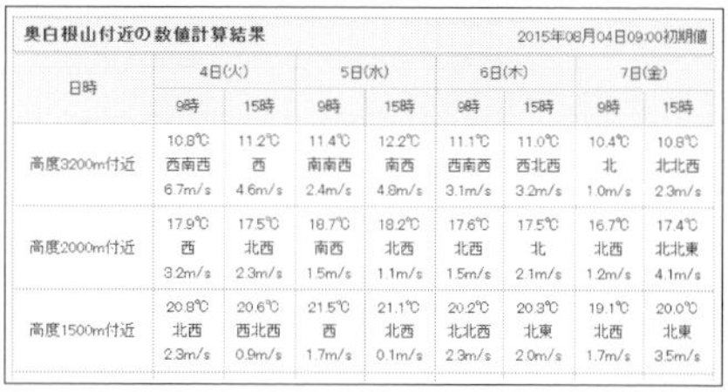

図125　tenki.jp山の天気―奥白根山(1000m以下カット)

い?」の項で述べたように、中宮祠や戦場ヶ原が晴れていても湯元では雪が降っていることが多い。ライブカメラ画像を見ることによって実際に湯元で雪が降っているかどうかが分かる。出かける前にはこれらのサイトで現地の天気をチェックしたい。

山の気象予報については、日本気象協会が運営する「tenki.jp」の「山の天気」サイトが参考になる。全国の221山について、当日から3日先まで、標高300m、600m、800m、1000m、1500m、2000m、3100mの気温、風向、風速が掲載されている。日光の山では、男体山、奥白根山、皇海山が掲載されている。ただし、ここに掲載されている数値は気象庁の数値予報データで、厳密には天気予報ではない。標高が100m上がるごとに気温は0.65℃下がるといわれているが、実際には気圧配置や季節により様々で単純計算のとおりには

いかない。その意味で、このサイトのデータは登山を計画する際、持っていく装備や服装を決めるうえで有用性は高い。図125は2015年8月4日午前9時のデータを初期値として計算された以後4日間の奥白根山付近の計算結果だ。高度1500m、2000m、3200m付近における数値が掲載されているので、標高2578mの奥白根山頂の気温と風速は高度で按分計算すればよい。

例えば、8月6日午前9時の標高3200m付近の気温は11.1℃、標高2000m付近では17.6℃であることから、標高2578mの奥白根山頂の気温は、11.1℃ + (17.6 - 11.1℃) / (3200 - 2000m) × (2567 - 2000m) = 14.2℃と推定することができる。同様に計算して、風速は2.0m/sと推定することができる。

湯ノ湖ライブカメラ画像(インターネット自然研究所2013年2月22日15時25分)

山で雨雲の動きをチェックしよう

　登山やハイキングに行く前には必ず気象情報を入手しておきたいが、登山やハイキングを開始してからも常に気象の変化には注意を払いたい。青空の下を歩いていたのに急に風雨や吹雪に襲われたという話を聞くことがあるが、そのようなことはあり得ない。西の方から雲の堤が近づいてきたり、黒い雲が空の一角に現れたりといった変化が、風雨や吹雪の前に必ず現れる。

　歩いている途中、雲の変化や風向きを観察することによって天気の変化を掴むことができる。前日や当日の天気予報を見て、天気図からその日の天気変化の予想を頭の中に入れておけば、一層確実に変化を感じ取ることができる。

　寒冷前線が通過しその後冬型気圧配置になることが分かっていれば、それまで穏やかな天気であったのが急に風向きが変わって寒くなり、西方にもやもやとした左右に土手のように連なる雲が現れると、間もなく風雪に襲われると判断ができる。また、上空に寒気が入ってくることが分かっていれば、午後になって黒い雲が現れると、間もなく雷雨に見舞われることが予想できる。山頂は諦めて下山を開始するなど、安全対策を取ることができる。

　しかし、目で見て肌で感じるだけではもちろん限界がある。かつてはこの限界は乗り越えることができないものであったが、IT技術が発達した現代、便利なツールを利用してこの限界を超えることができる。

　気象庁のサイトでは従来から、現在

の降水の分布と1時間先までの5分ごとの降水の強さを予報する「レーダー・ナウキャスト（降水・雷・竜巻）」が公開されていたが、降水の分布は1km四方で表され、マップも関東地方の広がりでしか表されなかった。これが進化し、2014年8月に「高解像度降水ナウキャスト」として新たに公開された。降水分布の表現は250m四方と細かくなり、画面をクローズアップすると市町村の単位まで拡大して降水の分布を見ることができる。道路や鉄道も表示することができて、今自分がいる場所が把握しやすくなっている。さらに優れているのは、時間雨量30mm以上の強い降水域の30分後の分布域の予想が表示できることだ。図では明るい黄色の線で示された区域だ（口絵参照）。竜巻発生確度や雷活動度も表示することができる。

これをスマートフォンで見ることができるので、近づいてくる雲の堤や黒い雲がはたしてどの程度の降水をもたらしているのか、あとどれくらいの時間で強雨に見舞われるのかが一目瞭然に分かる（図126）。もちろん電波が入るエリアでなければ使うことができないが、登山やハイキングの際の天気把握の強力なツールになる。戦場ヶ原ではおおむね全域で電波が入る。白根山ではごく一部の尾根で入る。1時間先までの予報になるので、岩稜から樹林

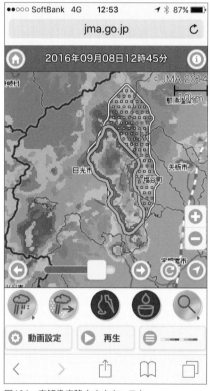

図126　高解像度降水ナウキャスト

帯の斜面や避難小屋への移動など緊急避難的な危険回避に有効だろう。

同様の画像はスマートフォンアプリ「YAHOO！天気」の雨雲ズームレーダーでも見ることができる。高解像度降水ナウキャストと同様に5分ごとに更新され、1時間先までの5分ごとの予想降水域が表示できるほか、6時間先までの1時間ごとの予想降水域が表示できる。

一方、気象庁のサイトでは「解析雨量・降水短時間予報」という降水予報も公開されているが、降水分布の表現は1km四方、30分間隔で発表され、6時間先までの各1時間降水量が予報される。高解像度降水ナウキャストと比べ、更新間隔が長く降水分布の表現も粗いが、6時間先まで予報されるので、しとしと雨が予想される気圧配置の際に何時頃から雨が降り出すのか判断するときには有効だ（図127）。

ユニークなのは、スマートフォンア

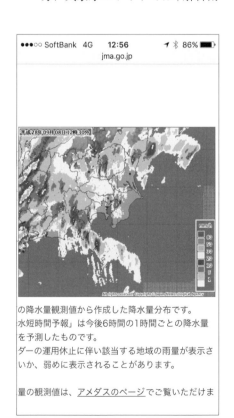

図127　解析雨量・降水短時間予報　iPhoneの画面

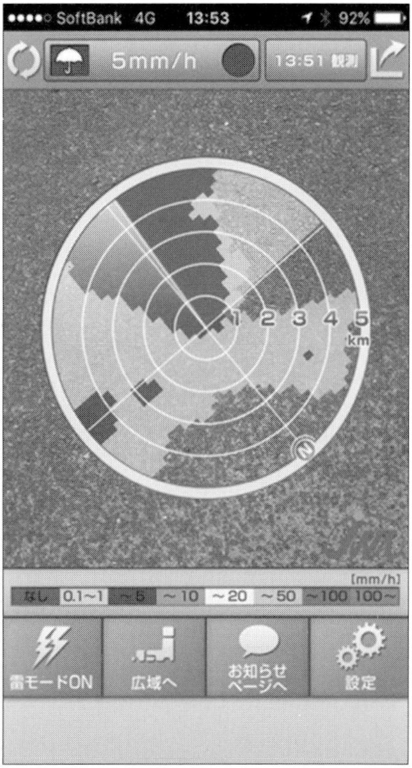

図128　Go雨！探知機

プリ「Go雨！探知機」だ。自分が立っている位置を中心に半径5kmの範囲の雨雲のレーダー画像が表示される他（図128）、スマートフォンを山に向けて写真を撮るときのように縦に構えると、画面に映る風景に重なって雨を降らせている雲がメッシュで空に表示される（図129）。今見えている風景のどこに雨雲があるのか直観的に分かるようになっている。

このように雨雲の動きが手に取るように分かるので、スマートフォンを大いに活用したい。GPS機能を使って現在地を表示できる地図アプリも有料だが普及しているので、これからは登山やハイキングの際にはスマートフォンは必携となるだろう。ただし、この世界は日進月歩で変化が激しい。ここで紹介したアプリも早晩古くなってしまうかもしれない。常に新しい動きをチェックしていきたい。

図129　Go雨！探知機雨雲立体画像

専門的用語の解説

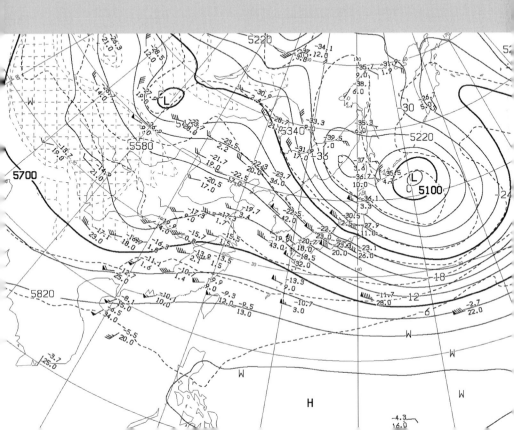

地上天気図と高層天気図

天気図といえば、新聞の天気予報欄に掲載されている天気図やテレビの天気予報で気象予報士が解説する天気図を思い浮かべるが、これは海抜ゼロメートルの面の気圧配置を描いた地上天気図といわれるものだ。地上天気図は私たちに馴染みの深いもので、低気圧や前線、高気圧が描かれ、これらの配置や移動によって天気の分布や予想を知ることができる。私たちが生活している地球の表面の気圧配置を表わしているといってよいだろう。

しかし、地上天気図は地球を取り巻く大気の層の底の様子を描いたもので、厚みのある大気全体の動きを見ることはできない。気象の変化を正確に掴むためには、厚みが約11kmある対流圏の大気の層全体の動きを見なければならない。

そこで作られているのが高層天気図だ。高層天気図は、対流圏の下層を代表する850hPa面(高度約1500m)、700hPa面(同3000m)、中層を代表する500hPa面(同5500m)、そして上層を代表する300hPa面(同9000m)が主なものだ(図130)。

850hPa面はほぼ奥日光の高度に当たり、冬期この面でのマイナス6℃は地上で雨になるか雪になるかの目安になる。700hPa面は日本アルプスの高度であり、3000m級の山岳の気象が表現されているといってよいだろう。また、この高度での冬期の気温は大雪の目安ともなる。

500hPa面は対流圏の厚さのほぼ真ん中に当たり、この天気図で表わされ

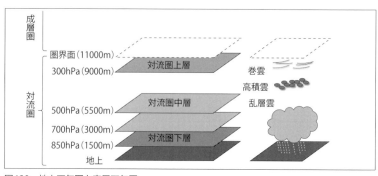

図130　地上天気図と高層天気図

ている気圧の谷、気圧の尾根は、地上天気図で表わされる低気圧、高気圧の移動や発達と密接な関係がある。真夏には、この天気図上のマイナス6℃の等温線が雷雨発生の目安となる。300hPa面天気図では真夏のチベット高気圧の動向を把握することができる。

　高層天気図の見方だが、地上天気図と少しだけ勝手が違う。地上天気図では気圧が同じところを結んだ等圧線が描かれているが、高層天気図では500hPa面であれば気圧が500hPaとなる高度を結んだ等高線が描かれている。気圧が低いところは高度が低いので、地上天気図の等圧線と同じように見ればよい。また、高層天気図では等温線が描かれているのが特徴だ。

　図131は500hPa面高層天気図だ。実線で描かれているのが等高線、点線が等温線だ。北極に近いところは低気圧、赤道に近いところは高気圧になっ

ている。北極に近いところは気温が低いので大気層が収縮、赤道に近いところは気温が高いので大気層が膨張しているからだ。等高線が描かれているので全体としては地形図と同じように見ればよい。南に大きな高原があり、北の低地に向かって谷や尾根が伸びている。この谷や尾根が気圧の谷、気圧の尾根だ。風は等高線に平行に吹いているので、気圧の谷の西側では北寄りの風になり寒気が南下、気圧の谷の東側では南寄りの風になって南から暖気が北上している。これらの気圧の谷や気圧の尾根は北極を中心に波打つ波動であり、この波動は西から東に移動している。

　地上天気図と高層天気図のそれぞれの気圧面でどのように違いがあるのか、関東地方に大雪が降った2014年2月8日を例に見てみよう。

　まず図132は地上天気図だ。紀伊半

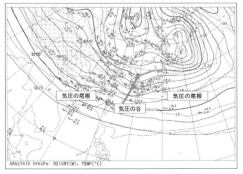

図131　高層天気図（500hPa）

島の南に低気圧があって東北東に進んでいる。大陸の奥地には高気圧があって日本付近を北から覆っている。同時刻の高層天気図を見てみよう。図133は850hPa面の高層天気図だ。四国付近が低圧部になっているが、低気圧は描かれていない。地上天気図で描かれている大陸奥地の優勢な高気圧もこの高度ではあまり明瞭ではない。冬の大陸の高気圧は強い冷え込みによって地上付近に形成された低温で密度の高い空気層がその正体であり、背の低い高気圧であるからだ。

この天気図の大きな特徴は等温線だ。四国付近の低圧部に向かって、南から等温線が北上している。この暖気が低気圧を発達させている。関東地方の気温を見ると、マイナス3℃とマイナス6℃の等温線に挟まれている。地上で雨になるか雪になるか微妙な気温であるが、この日は大雪となった。

次に700hPa（図134）と500hPa面（図135）の高層天気図を見ると、四国付近の低圧部は明瞭ではなくなり、700hPaでは九州付近が気圧の谷になっている。500hPaでは朝鮮半島から南に伸びる気圧の谷が明瞭だ。以上のように、地上天気図と高層天気図を見比べてみると、地上天気図の低気圧は上空の気圧の谷の東側に位置していることが分かる。このことは重要で、西方から気圧の谷が近づいているとき、

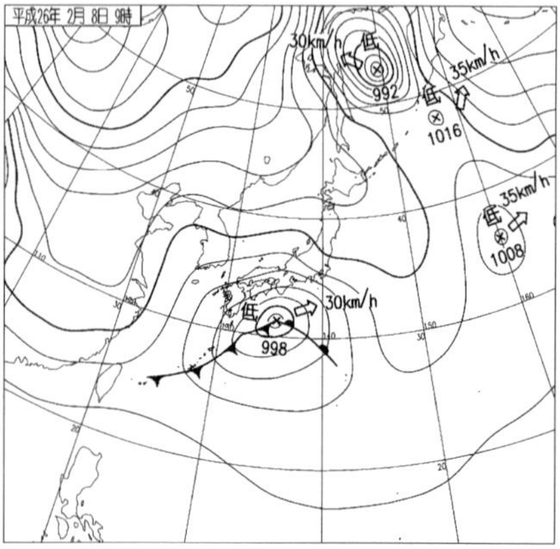

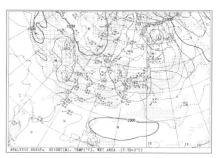

図133　850hPa高層天気図（2014年2月8日9時）

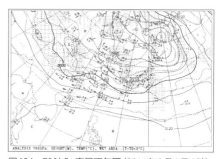

図132　地上天気図（2014年2月8日9時）

図134　700hPa高層天気図（2014年2月8日9時）

その位置や谷の深さから低気圧の発生位置や発達の可能性を予想することができる。

　300hPa面高層天気図は（図136）、500hPaとほぼ同じ形をしているが、ここでは等風速線が描かれており、ジェット気流の位置を知ることができる。

　このように地上天気図と高層天気図では随分と形が違っている。地上天気図には私たちの生活に影響を及ぼす雨天や晴天をもたらす低気圧や高気圧が描かれているが、高層天気図ではそれらの姿はなくなり、おおむね上空に行くほど北極付近を中心とする同心円状の単純な形をしている。しかし、高層天気図には対流圏の大気の立体構造が描かれており、その構造が地上の低気圧や高気圧の移動や発達を支配している。天気を理解するためには、大気の立体構造の動向の変化を掴むことが必要となる。

　なお、高層天気図の閲覧方法だが様々なサイトで可能だ。気象庁のサイトでも見ることができるが少し分かりにくい。ホームから「知識・解説」、「天気図」を辿って「高層天気図」のサイトに入る。簡単に見ることができて最も利用されていると思われるのは、北海道放送の「HBCお天気」のサイトだ。次項の「アンサンブル週間天気予報」で紹介する各種予報図もこのサイトで見ることができる。

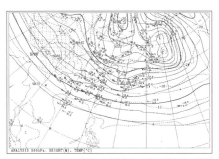

図135　500hPa高層天気図（2014年2月8日9時）

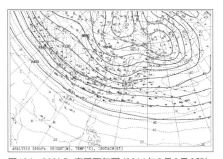

図136　300hPa高層天気図（2014年2月8日9時）

アンサンブル週間天気予報

　日々の天気予報や週間天気予報、中長期予報は気象庁のスーパーコンピューターで計算された数値予報に基づいて作られている。地球を取り巻く大気を立体的な格子で区切り、各格子点に気圧や気温や風などのデータを与え、物理学の方程式が組み込まれた数値予報モデルにより一定時間後の予測値を計算している。計算された格子点の数値はGPV（Grid Point Value）と呼ばれ、この数値が基になって各種の予想天気図が可視化されている。

　しかし、大気の動きの変化は直線的には決まらず、初期の小さな変化が時間の経過とともに大きくなり、予測値に大きな影響を与えてしまう。このような大気の性質はカオス（混沌）といわれており、「北京で蝶が舞うとニューヨークで嵐が起こる」とは20世紀の気象学者エドワード・ローレンツの言葉だ。数値予報モデルに与える初期値の僅かな誤差は、予報結果の不確実性に繋がるのだ。

　そこで、最初に格子点に与えるデータに人工的に少しずつ誤差を与えて幾通りもの計算結果を出し、これらを統計的に処理することによって予報の精度を高めようというのがアンサンブル予報だ。週間天気予報では、初期値に誤差を与えないコントロールランと呼ばれる数値予報に、誤差を与えた50通りの数値予報を加え、合計51通りの計算が行われている。それぞれの数値予報はメンバーと呼ばれる。各メンバーの予報は異なるものであり、メンバー間の分散はスプレッドと呼ばれる。メ

ンバーのうち、予想結果がよく似ているものはまとめてクラスターと呼ばれ、51メンバーのアンサンブル平均に近い6メンバーはセンタークラスターと呼ばれている。

アンサンブル週間天気予報の予想天気図には、週間予報支援図[アンサンブル]（略号FZCX50）と週間アンサンブル予想図（略号FEFE19）、週間予報支援図（略号FXXN519）がある。図137はFZCX50で、一番左の列は500hPa高度と渦度の予想天気図、その右の列が850hPa予想相当温位図（相当温位については「奥日光はなぜ涼しい？」を参照）、右上には各クラスター平均の500hPaの特定高度線、降水頻度分布、スプレッドが入った予想天気図、右下が850hPaの気温偏差予想グラフが描かれている。

500hPa予想天気図はセンタークラスターの平均で、天気の大きな変化を支配する上空の気圧の谷、気圧の尾根の動きを見ることができ

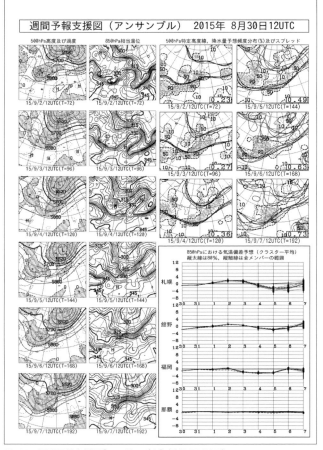

図137　週間予報支援図[アンサンブル]（略号FZCX50）

る。ここで注目しなければならないのは気圧の谷の動きだ。気圧の谷が通過するタイミングと谷の深まり具合で、天気の崩れを予想することができる。渦度とは、風速の水平方向の違いから生じる空気の回転のことで、反時計回りで低気圧性の回転を正渦度、時計回りで高気圧性を負渦度としている。網掛け部は正渦度の領域で、正渦度が移流してくると上昇気流が発生し、低気圧が発生したり発達したりする。

予想相当温位図もセンタークラスター平均で描かれており、線が混んだところが冷たく乾いた空気と温かく湿った空気の境であり、前線や低気圧の位置を知ることができる。また、相当温位が高い部分（夏季では336K以上）が南から日本列島上に流れ込んでくるときには大雨の可能性があり、相当温位が低いエリアが北から広く覆ってくるときには乾燥した晴天が予想される。

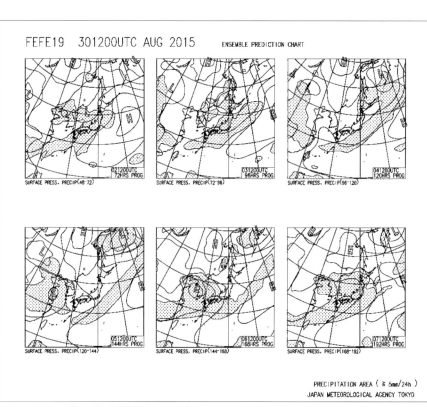

図138　週間アンサンブル予想図（略号FEFE19）

専門的用語の解説

　500hPa特定高度線は、5400m、5700m、5880mのクラスター平均の等高線で、ブレが大きいほどクラスター間の予想の偏差が大きいことを示す。線がからんだ様子からスパゲッティ図とも呼ばれている。スパゲッティが暴れているほどスプレッドの数値も大きくなり、予報の確度は低くなる。降水頻度は、格子点ごとに5mm以上の降水量を予想しているメンバーの割合が示されている。

　850hPaの気温偏差予想グラフでは、各クラスター平均が実線で、コントロールランが点線、GSM（全球モデルと呼ばれる数値予報モデル）の予想値が破線で示されている。縦太線は、80％のメンバーを含むエラーメンバー、縦細線は全メンバーを含むエラーバーが示されている。

　図138はFEFE19で、「登山やハイキングに行く日の天気を調べる」の項で説明したとおりだ。前線が描かれていないものの馴染みのある地上天気図であるの

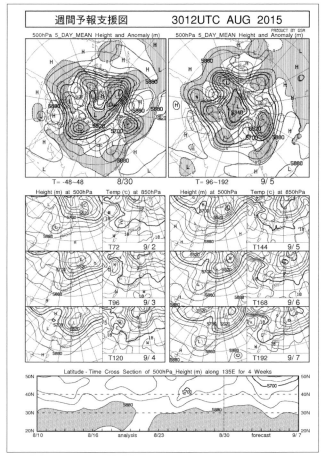

図139　週間予報支援図（略号FXXN519）

で使いやすい。ここで示されている降水域は、前24時間降水量5mm以上の範囲で、センタークラスター平均だ。

図139はFXXN519で、これはアンサンブルではなくGSMによる予想図だ。上段には、北極を中心とした北半球の500hPa天気図が初期時と予想期間半ばのものが描かれている。中段は500hPa予想天気図と850hPa面の予想気温分布が描かれている。850hPa面はおおよそ標高1500mに当たるので、奥日光の予想気温が示されているようなものだ。奥日光のハイキング、登山にそのまま活用することができる。

下段には、東経135°を横切る主な等高線が時系列で示されている。夏の太平洋高気圧の勢力範囲の指標となる高度5880mより高い部分はハッチングされており、太平洋高気圧の消長のリズムが視覚的に分かるようになっている。

以上のようなアンサンブル週間予報の予想図を読み込むことにより、週間天気予報の根拠を理解することができる。また、アンサンブル予想図は毎日更新されるので、気圧の谷の動向などの日替わり具合を見ることも重要だ。

エマグラム

　気象庁では、全国の16箇所の気象官署でラジオゾンデによる高層気象の観測を行っており、その結果は気象予測の数値モデル計算などに使われている。観測は世界各地で毎日世界標準時の0時と12時（日本時間9時と21時）に行われており、気球に取り付けられた観測機器により、気圧、気温、湿度、風向・風速等が観測されている。エマグラム（emagram: Energy per unit mass diagram）は観測結果をエマグラムの用紙の上にグラフにしたもので、大気の状態を現している（図140）。

　エマグラムの用紙は、縦軸が気圧（高度）、横軸が気温で、縦軸は気圧の自然対数で高度とほぼ比例する。この座標系に乾燥断熱線、湿潤断熱線、等飽和混合比線が引かれている。この用紙に観測された高度により変化する気温と露点温度の線が描かれており、これを大気の状態曲線という。露点温度の状態曲線は気温の状態曲線の左側に来るが、湿度が100％のときは気温の状態曲線に重なる。二つの状態曲線の開きが大きいほど大気が乾燥していることを示す。

　大気の状態が安定しているかどうかを知るためには、水蒸気を含んだ空気塊がある高度まで上昇したときの気温や露点温度を知る必要があるが、物理学の計算式を

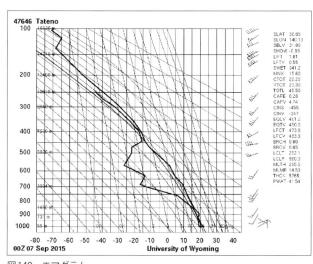

図140　エマグラム

使って計算するのは煩雑だ。しかし、エマグラムを使うと図上でこれらを概略知ることができる。図141を見てみよう。ある高度（P気圧面）にある気温T℃、露点温度Td℃の空気の塊を強制的に上方に持ち上げると、気温は乾燥断熱線に沿って低下していくが、露点温度は等飽和混合比線に沿って低下する。やがて両者は交わり、その高度で空気塊の水蒸気は飽和して雲が発生する。この高度のことを持ち上げ凝結高度といい、雲の底の高さとなる。

水蒸気が飽和した後は、気温は湿潤断熱線に沿って下がっていくが、その下がり方は乾燥断熱よりも小さくなる。水蒸気が凝結熱を放出するからだ。この図の場合、空気塊がさらに湿潤断熱線に沿って上昇すると、やがてある高度で空気塊の温度は周囲の温度と等しくなる。この高度のことを自由対流高度という。ここから上は、空気塊の温度は周囲の空気よりも高くなるので浮力によって自力で上昇を続ける。しかし、ある高度まで上昇すると空気塊の温度は周囲の空気の温度と等しくなり、浮力が働かなくなって上昇は停止する。この高度が雲頂高度となる。この図を見て分かるように、気温の状態曲線が寝ているほど（上空の気温が低い）、露点温度Tdが右に位置するほど（湿度が高い）、自由対流高度が低く雲頂高度が高くなり、積乱雲が発達しやすくなる。

また、エマグラムを見ると、上空の大気の気温の変化や乾湿の変化が一目で分かり、様々な気象現象を理解するのに役立つ。朝起きて空を見上げどんよりと曇っているとき、館野（茨城県つくば市）のエマグラムを見てみる。前

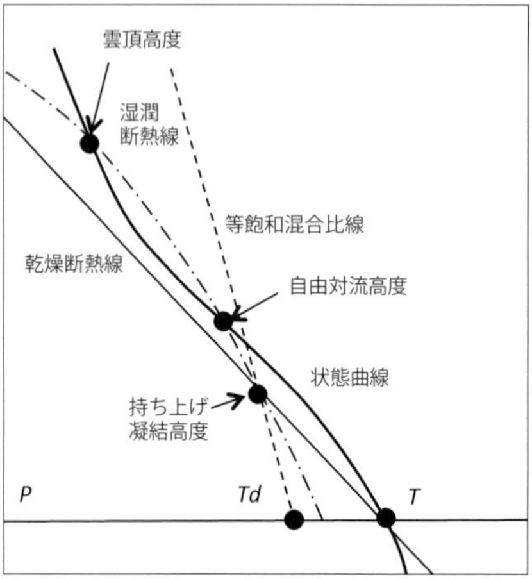

図141　エマグラムを使って大気の安定度を見る

日の午後9時のものしか見ることができないが、一晩でそれほど大きくは変化しないのでほぼ今の大気の状態として見ることができる。

まず見るべきものは高度1500mから2000m付近に気温の逆転層が存在しているかどうかだ。次に、気温と露点温度の差の開き具合だ。気温の逆転層を境に下部で気温と露点温度の差が小さいかまたは重なっており、上部で大きく開いていれば、今頭上を覆っている雲の高さは気温の逆転層までで、上空は晴れていることが分かる。このようなときは奥日光では晴れている可能性が高い。また霧降高原では雲海が発生しているかもしれない。

気温と露点温度の差が上空まで小さい状態が続いているときは、気圧の谷が接近して上空に湿った空気が流れ込んでいることを示しており、天気は下り坂であることが分かる。

冬型気圧配置のときは、輪島（石川県輪島市）のエマグラムを見ると、気温の逆転層と雪を降らせている雲の高さが分かり、大雪の目安ともなる。

エマグラムはワイオミング大学の気象サイト（Atmospheric Soundings）で全世界のものが公開されている。グラフの右側には各高度の風向、風速が示されており、SHOW（ショワルターインデックス）、LIFT（リフティッドインデックス）などの大気の状態の安定度を表す指標も示されている。グラフとは別にテキストリストでデータを見ることもできる。本書の各所に掲載した「気温と露点温度の鉛直分布」は、テキストリストを使ってエクセル上で散布図として作成したもので、乾燥・湿潤断熱線、等飽和混合比線は省略し、単純に気温と露点温度の高度による変化を表したものだ。

大気の状態の安定・不安定

「大気の状態が不安定になり、午後はにわか雨」など、テレビの天気予報でよく聞く表現だ。大気の状態の安定、不安定とはどういうことだろうか。

大気の状態は通常は安定している。不安定とは、大気の下方にある暖かく軽い空気が上昇し、上空にある冷たく重い空気が下降して対流が起こりやすくなっている状態のことをいう。暖かい空気が上昇すると雲が発生し、時として積乱雲が発達して雷雨となる。

図142は、大気の状態が安定しているときを表している。今、地上の気温が20℃とする。上空1000mの気温は、気温の減率を1000mにつき6.5℃とすると、13.5℃となる。次に、地上付近にある空気の塊が何らかの要因によって上昇したとする。このとき上空の気圧は地上よりも低いので、空気塊は膨張する。膨張するとき空気の分子は外に向かって仕事をするのでエネルギーを失い、気温が下がる。下がり方は熱力学第1法則により、1000mにつき約10℃となり、乾燥断熱減率という。上空1000mでは10℃となる。この場合、上昇した空気塊は周囲よりも気温が低く重いので、これ以上上昇せず、下降する力が働く。このような状態のことを「大気の状態が安定」という。

図143は、上昇する空気塊が水蒸気

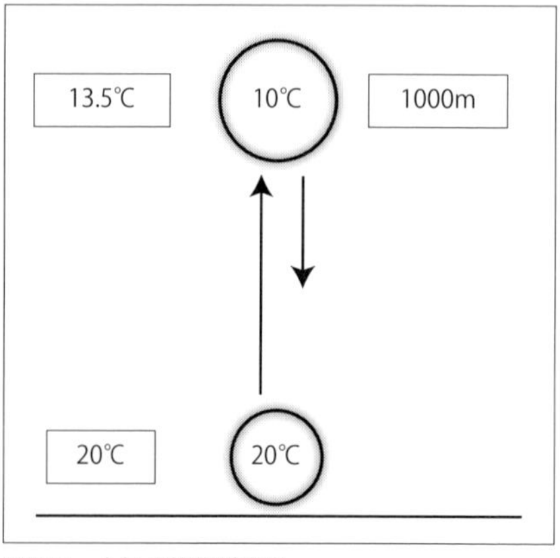

図142 大気の状態が安定

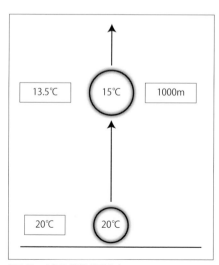

図143 大気の状態が不安定

で飽和している場合だ。飽和した空気塊が上昇し気温が下がると水蒸気が凝結して水滴に変わる。このとき潜熱と呼ばれる熱を放出する。空気塊は潜熱によって温められるので、気温の減率は前の場合よりも小さくなる。このような場合の気温の減率を湿潤断熱減率といい、1000mにつき約5℃となる。上空1000mでは15℃となり、周囲の気温13.5℃よりも高くなる。そうなると周囲の空気よりも暖かく軽い空気塊は自力でさらに上昇することになる。このような状態のことを「大気の状態が不安定」という。

大気下層の空気が乾いていても、上空の気温が低いときには大気の状態が不安定になる。図144は、上空に寒気が流れ込んで1000mの気温が8℃のときの様子を表している。最初のケースと同様に、何らかのきっかけで上昇した空気塊は1000mの高度で10℃とな

る。しかし、寒気の影響で周囲の気温は8℃になっている。上昇した空気塊は周囲の空気よりも暖かく軽いのでさらに上昇を続ける。

このように、大気の下層に湿潤な空気が入ってきたとき、上空に寒気が入ってきたときに大気の状態は不安定になり、雲が発達して大雨を降らせる。

大気の状態が安定であるか不安定であるかを知る様々な指標があるが、代表的なものはSSI（Showalter stability index）、ショワルター安定指数だ。SSIは次のようにしエマグラムを使って求めることができる。図145を見てみよう。高度850hPaにある気温T850、露点温度Tdの空気塊を強制的に上昇させると、気温は乾燥断熱線に沿って低

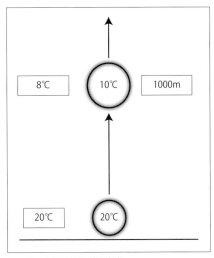

図144　大気の状態が不安定

下し、露点温度は等飽和混合比線に沿って低下していく。そうすると、ある高度で気温と露点温度が等しくなり、空気塊に含まれている水蒸気が飽和して水滴になる。この高度が持ち上げ凝結高度だ。

空気塊をさらに上昇させていくと、水蒸気が飽和しているため気温は湿潤断熱線に沿って低下していく。図145の場合は、空気塊の気温はある高度で状態曲線で表わされた実際の上空の気温と等しくなり、さらに上昇すると状態曲線より高くなって自力で上昇していく。気温が等しくなる高度が自由対流高度だ、空気塊はやがて500hPaに達し、この高度での気温（T850hPa→500hPa）を500hPaの実際の気温（T'500）から差し引いた数値がSSIだ。

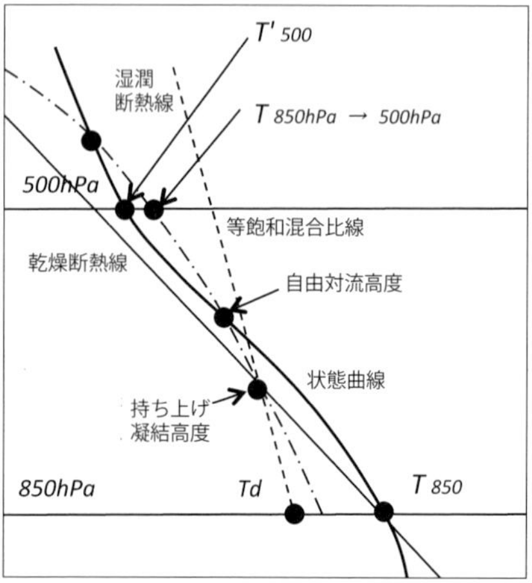

SSI<0の場合、すなわち上昇した空気塊が周囲の空気よりも気温が高い場合には、さらに上昇を続けるので不安定を意味する。マイナスの数値が大きいほど不安定の度合いが大きい。

SSI>0の場合は、上昇した空気塊は周囲よりも気温が低いので、浮力が働かずに下降するので安定を意味する。

図145　エマグラムを使って大気の安定度を見る

ウィンドプロファイラの活用

　ウィンドプロファイラとは、上空の風の断面図のようなもので、気象庁のサイトで見ることができる。全国で33か所の観測局で地上から電波を発射し、上空の風の乱れにより反射されて返ってくる電波により作られている。上空の風向・風速、上昇・下降流が、高度300mごとに10分間隔の時系列で並べられている。矢印は風向、矢印の長さは風速を表している。青い着色部分は下降流、黄色は上昇流を表している。

　図146は2014年12月22日の高田（新潟県上越市）のウィンドプロファイラだ。15時10分から21時10分までの時間軸に沿って、上空の風向・風速、上昇・下降気流が図示されている。ま

ず風向を見ると、地上から上空約5000mまでほぼ西風で、時間の経過による変化もほとんどない。風速も同様に変化がない（口絵参照）。

　鉛直方向の動きを見ると、どの高さも青色になっている。雨や雪が降っている場合、ウィンドプロファイラの観測するデータは雨粒や雪粒の動きになるので、この場合、落下している雪の動きを表している。高度が1000m以下では濃い青色になっており、下降速度が大きくなっているが、これは雪粒が大きくなって落下速度が大きいからと考えられる。

　高度5000mより上は空白になっているが、これは空気が乾燥し風の動きを捉えられないためと考えられる。この日、高田上空では、高度4000～5000m

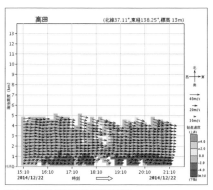

図146　2014年12月22日21時

を境に、下方は湿潤な空気層、上方は乾燥した空気であったことが分かる。

これをウィンドプロファイラと同時刻の輪島の気温と露点温度の鉛直分布で見てみよう（図147）。高度約3300ｍ以下では気温と露点温度が重なって雲の領域になっていることが分かる。3300ｍより高い高度では気温と露点温度の線が離れており、空気が乾燥していることが分かり、高田と輪島の地理的位置が若干離れているものの、ほぼ一致している。

「冬型気圧配置で奥日光に雪が降るとき」の項で触れたように、冬型気圧配置になったとき日本海側から奥日光まで雪雲が流れ込んでくるかどうかを判断する際、高田のウィンドプロファイラが参考になる。風向に北成分があり風速が20ｍ/s以上、青色に着色された降水域の高さが4000ｍ以上の状態が数時間以上続いた場合に雪雲が流れ込んでくることが多い。

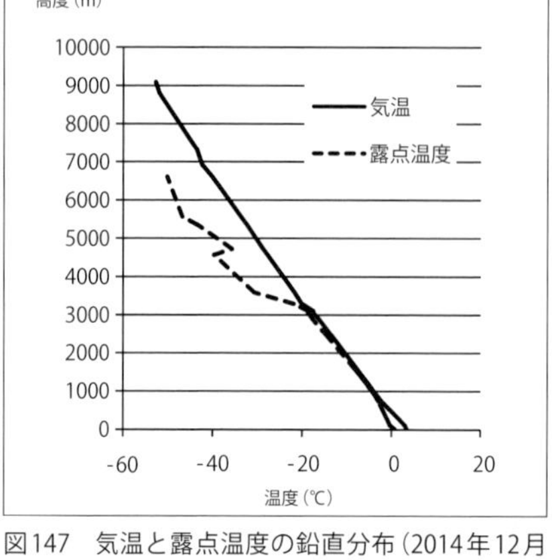

図147 気温と露点温度の鉛直分布（2014年12月22日21時）

各項参考文献

全般

・気象庁サイト　各種データ資料　気象庁
　http://www.jma.go.jp/jma/menu/menureport.html
・エマグラム情報
　University of Wyoming. Atmospheric Soundings.
　http://weather.uwyo.edu/upperair/sounding.html
・過去の各種天気図
　Weather news. My Weather Solution. Labs Channel
　http://weathernews.jp/my/solution/cgi_co/solution_disp.cgi
・地形図　地理院地図　国土地理院
　http://maps.gsi.go.jp/#5/35.362222/138.731389/&base=std&ls=std&disp=1
&vs=c1j0l0u0f0

「奥日光の気象と植物」

・自然環境基礎調査植生調査情報提供ページ.環境省
・栃木県の動物と植物　栃木県教育委員会　(株)下野新聞社　1972年

「奥日光の気象と野生動物」

・シカの生態誌　高槻成紀　東京大学出版会　2006年

「高原の花の季節」

・花ごよみ.日光パークボランティア

「奥日光はなぜ涼しい？」

・株式会社JCM　海外いろは　世界・主要都市の気温と降雨量、気候
　http://www.faminet.co.jp/d_guide/view/1#page03
・図解・気象学入門　古川武彦・大木勇人　(株)講談社　2014年
・天空の湖と近代遺産　飯野達央　(有)随想舎　2012年
・一般気象学【第2版】　小倉義光　東京大学出版会　2004年

「日光連山は雷の発生装置？」

・雷雨とメソ気象　大野久雄　（株）東京堂出版　2001年

「戦場ヶ原は冷気の湖」

・三本松茶屋　鶴巻正男さんの観測データ

・日光国立公園戦場ヶ原　三本松茶屋「今日の戦場ヶ原」

　http://www.sanbonmatsu.com/weather/

「湯元はなぜ雪が多い？」

・日光市史（下巻）　日光市史編さん委員会　日光市　1979年

「冬型気圧配置で奥日光に雪が降るとき」

・「冬型気圧配置と関東北部の雪」（日本気象予報士会北関東支部研修資料）

　中垣昭夫　2005年2月5日

「奥日光の雪崩」

・下野新聞縮刷版 1984年2月　（株）下野新聞社　1984年2月27〜28日

・下野新聞縮刷版 1984年1月　（株）下野新聞社　1997年1月27日

「中禅寺湖はなぜ凍らない？」

・「中禅寺湖及び湯の湖の観測結果報告」　水産庁養殖研究所　1983年12月

・「奥日光の魚と水域」魚シリーズ XI（NPV自主研修会資料）2015年3月14日

・奥日光・日本山岳寫眞書　塚本閣治　山と渓谷社　1943年

・天空の湖と近代遺産　飯野達央　（有）随想舎　2012年

「寒さが売りの日光」

・日光市史（下巻）　日光市史編さん委員会　日光市　1979年

「天気予報の利用のしかた」

・気象予報士ハンドブック　日本気象予報士会　（株）オーム社　2008年

「奥日光のリアルタイムの気象チェックと予報」

・気象おじさん百年の歩み　鶴巻五百子　2011年

・日光国立公園戦場ヶ原　三本松茶屋「今日の戦場ヶ原」

　http://www.sanbonmatsu.com/weather/

・日光観光ライブ情報局

　http://nikko.4-seasons.jp/

・tenki.jp
　http://www.tenki.jp/
「エマグラム」
・一般気象学【第2版】　小倉義光　東京大学出版会　2004年
「大気の安定・不安定」
・気象予報士ハンドブック　日本気象予報士会　(株)オーム社　2008年

写真
「口絵」「霧降高原の霧と雲海」
・霧降高原にかかった雲　日光市東和町　八田晃一氏撮影
「口絵」
・全面結氷した中禅寺湖(1984年)　日光中宮祠　福田政行氏撮影
「桜の開花日」
・ミヤマザクラ、シウリザクラ　(一財)自然公園財団日光支部撮影
「高原の花の季節」
・アヤメ、イブキトラノオ、ハクサンフウロ　(一財)自然公園財団日光支部撮影

イラスト
「冬の奥日光の天気の注意点」
・弱層テスト　日光市東和町　石井綾氏作画

おわりに

こんな謎かけがある。「気象予報士とかけて、足の裏についた米粒と解く。その心は、取っても食えない」。気象予報士の資格を持つ人は、2017年7月3日現在、全国で約9855名いる。しかし、2013年に気象庁が実施した「気象予報士現況調査」によると、気象に関係する業務に従事している予報士は全体の23％にとどまっている。この謎かけは、気象予報士の資格がいかに職業に繋がらないかという現実を揶揄したものだといえる。

しかし、筆者も含め大部分の予報士は、気象が根っから好きで資格を取ったという人たちだ。職を得る目的で取った人はむしろ稀かもしれない。

雲を掴むようなという言い回しがあるが、気象の変化はまさに掴みどころがない。地球を包み込んでいる大気はひとつながりであり、その中で冷たい空気と暖かい空気、乾燥した空気と湿った空気がぶつかり合い、様々な気象現象が発生している。この取りとめのない大気の状態を視覚的に表したものが天気図である。

一般に天気図と呼ばれているのは地上天気図で、海抜0ｍにおける気圧配置が描かれている。天気図はこの他にも高層天気図が作られており、そのそれぞれに実況天気図と予想天気図が作られている。気象庁で作られている天気図は数十種類あり、天気図の他にもアメダスデータ分布図、降水ナウキャスト、ウィンドプロファイラ、衛星画像など多種類の画像資料が作成されている。これらの資料は日々移ろいゆく大気の姿を様々な切り口で目に見える形にしたもので、これらを総合して天気予報が作られる。

筆者は、40年以上にわたって日光の山々を歩き、2011年度から一般財団法人自然公園財団の職員として、日光湯元ビジターセンターや霧降高原レストハウスに勤務、日光の自然と気象に身近に接してきた。毎日宇都宮から奥日光や霧降高原まで、標高差1300ｍの通勤途上で気象は大きく変化する。地上天気図と850hPaの高層天気図の世界の間の往復、太平洋側気候と日本海側気候の間を往復してい

るようなものだ。冬の朝、快晴の宇都宮から望む日光連山は雪雲に包まれて見えない。その雪雲に向かって車を走らせるとき、気象好きの人間としては気持ちの高揚を抑えることはできない。

日光湯元ビジターセンターでは、「楓通信」というスタッフ手作りの自然情報誌を年6回発行しているが、その中で日光の気象について紹介するコーナーを毎号担当しており、日々の経験を基に書いてきた。これまでに書き溜めた6年分の記事に加筆したものを中心にまとめたものが本書である。また、ここ10年ほど継続して、栃木県山岳連盟が主催する安全登山教室で気象の講座を担当させていただいており、その講義の内容も加えた。

日光の自然を愛する方々に気象現象にも目を向けていただき、気象の面白さ、不思議さを知ってほしい。日光のみならず全国各地に登山やハイキングに出かけるときにはぜひ本書で紹介した気象サイトで情報を入手し、安全に楽しく自然に親しんでいただきたい。

また、気象に興味を持たれた方には、ぜひ気象予報士の試験に挑戦して欲しい。

最後に、本書の出版に当たっては、随想舎の卯木伸男氏、内田裕之氏に大変お世話になったことについて厚くお礼を申し上げたい。

［著者紹介］

辻 岡 幹 夫（つじおか　みきお）

　　　昭和25年（1950）大阪府生まれ
　　　昭和48年（1973）大阪府立大学農学部卒業
　　　　　　栃木県庁就職
　　　現在、一般財団法人自然公園財団日光支部勤務
　　　　　気象予報士
　　　　　公益財団法人日本体育協会公認スポーツ指導者（山岳上
　　　　　級指導員）
　　　　　技術士（環境部門）

日光の気象と自然

2017年10月31日　第1刷発行

著　者 ● 辻 岡 幹 夫

発　行 ● 有限会社 随 想 舎
　　　　　〒320-0033　栃木県宇都宮市本町10-3 TS ビル
　　　　　TEL　028-616-6605　FAX　028-616-6607
　　　　　振替　00360－0－36984
　　　　　URL　http://www.zuisousha.co.jp/
　　　　　E-Mail　info@zuisousha.co.jp

印　刷 ● モリモト印刷株式会社

装丁 ● 栄舞工房

定価はカバーに表示してあります／乱丁・落丁はお取りかえいたします

© Tujioka Mikio 2017 Printed in Japan　ISBN978-4-88748-***-*